U0575611

和谐校园文化建设读本

中小学生植物常识一本通

宋德印 / 编写

吉林教育出版社

图书在版编目(CIP)数据

中小学生植物常识一本通 / 宋德印编写. —长春：
吉林教育出版社，2012.6（2023.2重印）
（和谐校园文化建设读本）
ISBN 978－7－5383－9024－7

Ⅰ．①中… Ⅱ．①宋… Ⅲ.①植物－青年读物②植物
－少年读物 Ⅳ．①Q94－49

中国版本图书馆 CIP 数据核字(2012)第 116288 号

中小学生植物常识一本通
ZHONG–XIAOXUESHENG ZHIWU CHANGSHI YIBENTONG

宋德印　编写

策划编辑	刘 军　　潘宏竹	
责任编辑	刘桂琴	**装帧设计**　王洪义
出版	吉林教育出版社(长春市同志街 1991 号　邮编 130021)	
发行	吉林教育出版社	
印刷	北京一鑫印务有限责任公司	
开本	710 毫米×1000 毫米　1/16　　**印张**　11　　**字数**　140千字	
版次	2012 年 6 月第 1 版　　**印次**　2023 年 2 月第 2 次印刷	
书号	ISBN 978－7－5383－9024－7	
定价	39.80 元	

编　委　会

主　　编：王世斌

执行主编：王保华

总 序

千秋基业，教育为本；源浚流畅，本固枝荣。

什么是校园文化？所谓"文化"是人类所创造的精神财富的总和，如文学、艺术、教育、科学等。而"校园文化"是人类所创造的一切精神财富在校园中的集中体现。"和谐校园文化建设"，贵在和谐，重在建设。

建设和谐的校园文化，就是要改变僵化死板的教学模式，要引导学生走出教室，走进自然，了解社会，感悟人生，逐步读懂人生、自然、社会这三本大书。

深化教育改革，加快教育发展，构建和谐校园文化，"路漫漫其修远兮"，奋斗正未有穷期。和谐校园文化建设的研究课题重大，意义重要，内涵丰富，是教育工作的一个永恒主题。和谐校园文化建设的实施方向正确，重点突出，是教育思想的根本转变和教育运行机制的全面更新。

我们出版的这套《和谐校园文化建设读本》，既有理论上的阐释，又有实践中的总结；既有学科领域的有益探索，又有教学管理方面的经验提炼；既有声情并茂的童年感悟；又有惟妙惟肖的机智幽默；既有古代哲人的至理名言，又有现代大师的谆谆教诲；既有自然科学各个领域的有趣知识；又有社会科学各个方面的启迪与感悟。笔触所及，涵盖了家庭教育、学校教育和社会教育的各个侧面以及教育教学工作的各个环节，全书立意深邃，观念新异，内容翔实，切合实际。

我们深信：广大中小学师生经过不平凡的奋斗历程，必将沐浴着时代的春风，吸吮着改革的甘露，认真地总结过去，正确地审视现在，科学地规划未来，以崭新的姿态向和谐校园文化建设的更高目标迈进。

让和谐校园文化之花灿然怒放！

本书编委会

目 录

植物常识概述

草本植物的常识

木本植物的常识

家居植物养护

植物养生

植物常识概述

植物的命脉——根

根是陆生植物吸收水和矿物质的主要器官。从根的顶端到生长根毛的部位叫根尖，它是吸收水和矿物质最活跃的部分。

根尖由根冠、分生区、伸长区、成熟区四部分组成。根冠位于根尖的顶端，细胞体积较大，排列不规则，根冠具有保护分生区的作用；分生区大部分被根冠包围，细胞体积较小，排列紧密，具有很强的分裂能力，能不断地产生新细胞；伸长区位于分生区上方，细胞能迅速生长，几小时内能伸长至原长的10倍以上，是根生长最快的部分。根能不断向土壤深处生长，是与伸长区细胞迅速伸长分不开的。伸长区也能吸收少量水分和矿物质；成熟区位于伸长区上方，细胞停止伸长，细胞内有很大的液泡，液泡里充满细胞液。表皮细胞向外突起形成根毛，表皮以内的细胞开始分化成组织。

直根系

须根系

●**根的作用**

根是蕨类植物和种子植物适应陆地生活而形成的一种营养器官。主要功能是固着植物体，支持地上部分，从土壤中吸收水分和无机盐。此外，根还能合成许多重要物质，如氨基酸、蛋白质、生物碱、激素等；也具有分泌功能，向其周围分泌氨基酸、生物碱、有机酸等，这些物质或能促使某些物质的解体，某些盐的溶解，有利于根的吸收；或可刺激微生物的繁殖，或抑制细菌的生长，有利于根的生命活动。根还具有贮藏营养和进行繁殖的作用。

●**根毛**

一般情况下，根毛的细胞液浓度大于土壤溶液浓度。含营养物质的水溶液可通过根毛的主动运输而进入细胞，通过根毛细胞壁、细胞膜、细胞质渗入到根毛细胞的液泡内。根据同样原理，根毛细胞吸收的水分，再渗入根内层层细胞，最后进入内部有输导功能的导管，运输到植物体的各个部分供细胞所利用。

●**根冠**

根冠是由薄壁细胞组成的帽状结构，位于根尖的顶端，细胞体积较大，排列不规则，根冠具有保护分生区的作用。

养料运输官——茎

茎是由胚芽发育来的植物地上部分的营养器官。在茎上着生着叶和繁殖器官，并使这些器官合理地占有一定空间，以利于光合作用、传粉受精和种子传播。其下部与根相连。茎是上、下器官水分与营养运输的通道。茎还具有贮藏营养和繁殖作用。茎上着生叶的部分称节。两个相邻的节之间称节间。有的植物节与节间很明显，如禾本科植物，有的则不明显。叶子脱落后，在茎上留下的疤痕称叶痕。茎上常见到许多小的突起，称皮孔，是气体交换的通道。有的茎表层被蜡质层或皮刺或毛状物覆盖。茎多为圆柱状,有的为四棱形(如益母草),有的为三棱形(如莎草),有的为扁带形(如令箭荷花),有的为多角形(某些仙人掌科植物)。

●地上茎和地下茎

由于茎所处位置不同,可分为地上茎和地下茎。前者又依其生长状态分为:直立茎(如棉花)、匍匐茎(如甘薯)、攀缘茎(如葡萄)、缠绕茎(如牵牛花)。根据茎中木质化程度不同,又可将茎区分为木质茎(如杨、柳)和草质茎。后者又可区分为一年生草质茎(如花生、大豆)、两年
生草质茎(如白菜)、多年生草质茎(如草莓、苜蓿)。由于长期适应环境的结果,茎出现多种变态。地上茎变态可有茎刺(如山楂、皂荚)、茎卷须(如葡萄、黄瓜)、叶状茎(如昙花、假叶树)。常见地下茎变态有根状茎(如竹、荷花)、块茎(如马铃薯)、球茎(如荸荠、慈菇)、鳞茎(如蒜、洋葱)等。

营养加工厂——叶

叶是植物重要的营养器官,来源于茎的芽原基,着生在茎的节上。可进行光合作用和蒸腾作用。叶还有贮藏和繁殖功能。叶由叶片、叶柄和托叶组成。具有这三部分的叶称完全叶(如棉花);凡缺少其中一或两部分的叶称不完全叶(如小麦、白菜为无柄叶)。

●叶片

叶片是叶的重要组成部分。典型的叶片为绿色的扁平体,大小相差悬殊。小如鳞(如柏),大的可达 20 米以上。其形状更是千姿百态,有单叶、复叶之分。单叶又有针形、线形、卵形、圆形、心形、箭形。复叶可有三出复叶、掌状复叶、羽状复叶。根据叶基、叶尖、叶缘等的不同,还

可将叶片分成更多的类型,这些都是植物分类的依据。叶片内有叶脉。叶脉是输导水分、无机盐和有机物的管道,也是支撑叶片伸展的内架。大多数双子叶植物具有网状叶脉,大多数单子叶植物具有平行叶脉。

●叶柄

叶柄是叶片与茎相联系的结构。水、无机盐和有机物通过叶柄内的输导组织,在茎、叶间交流;此外,叶片可借助叶柄展现在空间,获取最佳位置,吸收光能;叶柄也可承担风雨强加到叶片上的压力。不同植物,叶柄长短不一,有的较长,如毛茛科铁线莲,为叶片长的几倍,甚至可卷络他物;有的很短,成无柄叶。

成熟的标志——花

花是种子植物的繁殖器官,是植物发育成熟的标志。

不论什么花,一朵花都由花柄、花托、花蕊组成,其中最明显、形态变化最大的是花冠。如油菜、萝卜的十字形花冠;豆类的蝶形花冠;向日葵、菊花等的管状(筒状)花冠;益母草、紫苏等的唇形花冠;飞燕草、紫堇等的矩状花冠;还有牵牛花、曼陀罗花等的漏斗状、喇叭形花冠。花冠有美丽的颜色,有保护花蕊和引诱昆虫传粉的作用。

●花蕊

花蕊包括雌蕊和雄蕊,是花的最重要的组成成分。

雌蕊居于花中央,由一个或几个心皮组成。每个雌蕊包括柱头、花柱和子房三部分。柱头是雌蕊上端接受花粉的部位,可有多种形态,能分泌水分、糖类、脂类、酸、激素和酶等多种物质,以利于花粉的黏着和萌

发。花柱是花粉管进入子房的通道,可长可短,因植物而异。子房是雌蕊基部膨大的部分,由子房壁、胎座和胚珠组成。胚珠内有胚囊,是卵细胞和极核着生的地方。一朵花内可有一至多枚雌蕊,也可无雌蕊(雄性花),雌蕊的生长可分离或联合。

雄蕊着生在花托或贴在花冠基部上。每个雄蕊由花丝和花药两部分组成。花丝支持着花药。花药通常由2或4个花粉囊组成,分为两半,中间有药隔相连。花粉囊内产生花粉,成熟后,花粉囊开裂,花粉逸出。雄蕊的数目不定,因植物种类而异。雄蕊可分离或联合。

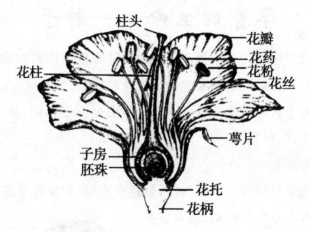

●花被

花被包括花萼和花冠。花萼位于花的最外轮,由若干萼片组成,在花芽期,有保护作用。萼片可全部分离或部分分离。萼片可一轮(如桃)或两轮(如棉)。外轮萼片称为副萼。有的花萼变成冠毛(如蒲公英)有利于果实的传播。花冠位于花萼之内,由若干花瓣组成。花瓣细胞内含花青素(在不同酸碱度时表现为红、蓝、紫色),或有色体(表现为橙黄色),或不含色素(白色)。花瓣可分泌芳香油或蜜液。色、香、蜜是招引昆虫的重要因素,是被子植物适应环境,进化的表现。花冠还具有保护作用。有的花冠退化(如杨、栗),有的花瓣分离(如桃),有的联合(如牵牛花)。

包括上述12个组成部分的花称完全花,缺少其中一部分或两部分的花称不完全花。如花冠退化的花称无被花。缺少雌蕊或雄蕊的花称单性花(缺雌蕊的花称雄花,缺雄蕊的花称雌花)。花的组成部分在花托上的着生一般呈几何对称。

●两性花和单性花

在一朵花中,雄蕊和雌蕊都存在,并且发育良好,这样的花就叫两性花。在一朵花中,只有雄蕊或只有雌蕊的叫单性花。在单性花中,只有雄蕊的叫雄花,只有雌蕊的叫雌花。

孕育的生命——种子

种子是种子植物特有的繁殖器官,孕育着植物的新生命,预示着植物生长的明天。自然界中能形成种子的植物有20多万种,占高等植物的绝对优势。由于它们的形态千差万别,结构也不尽相同,从而组成了庞大的种子家族。

●种子的构造

种子是胚珠受精后发育的器官,包括种皮、胚和胚乳三部分。

种皮是由珠被发育而来,具有保护内部结构的作用。有的植物只有一层珠被,所以形成一层种皮(如核桃、向日葵);有的有两层珠被,即形成内、外两层种皮(如蓖麻、油菜)。有的外珠被或内珠被在发育过程中被吸收而消失,如蚕豆种皮只由外珠被发育而成,小麦种皮由内珠被发育而成。种皮的色泽、花纹、厚薄和坚硬程度因不同种类而异。

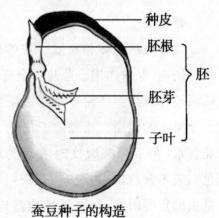

蚕豆种子的构造

种子成熟后,脱离种柄(珠柄)或胎座,于种皮上遗留下的疤痕称为种脐。

通常为线形或椭圆形,颜色不一。有的植物外种皮衍生可形成海绵状突起,称为种阜,如蓖麻。有的植物有假种皮,它实为珠柄或胎座发育生长,包于外种皮之外的肉质结构。如龙眼和荔枝的果实内,肥厚可食的部分即是。

胚是由受精卵发育来的。包括胚根、胚芽、胚轴和子叶四部分。胚是种子内最重要的部分,萌发后能生成新个体。胚乳是贮藏营养物质的结构。在种子萌发过程中为胚的发育提供必要的营养物质。有的植物,于种子形成过程中胚乳细胞被吸收,形成无胚乳的种子(如花生、大豆)。其营养物质贮存在子叶里。

胚乳是种子集中养料的地方,没有胚乳的种子,它们的养分就贮存在子叶中。胚乳中所含养分随物种不同而不同。小麦、水稻的种子淀粉含量高,可达70%;大豆子叶中含有较多的蛋白质;号称"世界油王"的油棕种子内含有一半以上的油脂。

● **种子的呼吸作用**

种子萌发及植物其他各项生命活动所需要的能量,都储存在细胞内的各种有机物中。有机物中储存的能量是通过呼吸作用释放出来的。

生物体都能够利用氧气将细胞内的有机物分解为二氧化碳和水,同时释放出有机物中储存的能量。生物体的这一过程就是呼吸作用。呼吸作用释放的能量除了满足生物体生命活动需要以外,还有一部分转变成热量释放出来。种子的萌发能够产生大量的热,就是这个原因。

种子萌发时的呼吸作用与吸水过程相似,也可分为三个阶段:

(1)种子膨胀吸水阶段,呼吸作用也迅速增强。此时的呼吸主要是无氧呼吸,由已存在于种子细胞中、在吸水后活化的酶所催化;

(2)吸水停滞阶段,呼吸也停滞;

(3)再次大量吸水阶段呼吸作用又迅速增强。此时胚根突破种皮,进入有氧呼吸阶段。

植物的奉献——果实

植物本身能供给人类食物的,要算果实最多。清脆可口的各种瓜果,耐储藏滋补的干果,还有被称为"长生果"的落花生等等都是植物的果实。

果实包括果皮和种子两部分。成熟的果实果皮细胞分化为外果皮、中果皮和内果皮。如桃子长着白霜状绒毛的外层是外果皮,中间多汁的肉质部分是中果皮,内心坚硬的核是内果皮,核中的仁就是种子。

果实通常分为三大类:一朵花中只有一枚雌蕊,以后只形成一个果实的称为单果;一朵花有许多分离生长的单雌蕊,以后每个雌蕊都形成一个单果,相聚在同一茎干上,称为聚合果,如草莓、莲、玉兰等;有些果实由整个花序发育而成,称为聚花果(也称复果),如菠萝、无花果、桑葚等。

单果的种类最多,有肉嫩多汁的浆果,如葡萄、番茄等,它们的中果皮肉质化,柔嫩而富含汁液;有自行开裂的荚果,如蚕豆、豌豆等豆科植物的果实,它们的果实成熟时,会沿背、腹缝线裂开,这是豆科植物的特征;也有长着双翼的翅果,如榆、槭、枫、柘等的果实,这些果实的果皮伸长成为一对翅膀,能凭借风力飘扬,从而使种子得到传播;果心坚如磐石的核果,如桃、枣、李、杏等植物的果实;还有自动爆开的蒴果,如马齿苋、车前草等,果实和种子会随风吹动或喷射散出种子。

果实又可分为真果和假果。由子房发育而成的果实称为真果。由其他部分形成的果实叫做假果,如苹果、梨及山楂等的果实。

多数果实都结在枝头上,但可可、番木瓜和木波罗的果实却结在树干上;梧桐、西藏青荚叶的果实还生在叶子上;花生的果实则长在地上。

植物分类

植物依据不同的分类方式可分为不同的类型,依据营养来源的不同分为自养型和异养型;依据是否形成种子分为孢子植物和种子植物;还可依据种子结构、主要特征进行分类。

●自养植物与异养植物

根据生命活动所需有机物来源的不同进行分类,能自己合成有机物的是自养型植物;依赖于现成有机物的是异养植物。常见类型及代表如下表所示:

类型	自养植物	异养植物			
	绿色植物	寄生植物	腐生植物	食虫植物	食菌植物
常见代表	孢子植物和种子植物	菟丝子	腐生龙胆、苁蓉	猪笼草	天麻

●孢子植物与种子植物

植物依据能否形成种子可分为种子植物和孢子植物。孢子植物又可分为藻类、苔藓、蕨类,均通过孢子进行生殖,进化顺序由低到高依次为藻类→苔藓→蕨类。种子植物对陆地的适应能力很强,依据种子外面有无果皮包被可分为被子植物（有果皮）和裸子植物（无果皮）。不同类型植物的常见代表及其主要特征、经济学意义见下表：

类型	常见植物	主要特征
藻类植物	衣藻、水绵、海带、紫菜	大都生活在水中，无根、茎、叶等器官分化
苔藓植物	墙苔、葫芦藓、地钱	大多生活在阴湿环境中，植株矮小，有茎、叶分化，有假根；无输导组织，叶片仅有一层细胞
蕨类植物	蕨、肾蕨、卷柏、满江红	生活在阴湿环境中，有根、茎、叶的分化；根、茎、叶中均有专门的输导组织，因此可以长高
裸子植物	松、杉、柏、苏铁、银杏	种子裸露，无果皮包被，易受昆虫叮咬及不良因素的危害；对陆地环境的适应能力比孢子植物强，比被子植物弱
被子植物	玉米、水稻、菊、牡丹、苹果、梨、刺槐	种子不裸露，有果皮包被；种子免受昆虫叮咬及不良因素的危害；是对陆地环境的适应能力最强的绿色植物

● 被子植物中的常见类型

被子植物的种子由种皮、胚和胚乳构成。其中，胚由子叶、胚芽、胚轴和胚根组成。有的种子有胚乳，有的种子无胚乳。主要类型有：

类型	常见代表	相同点	不同点	
			子叶	胚乳
双子叶无胚乳	菜豆、荠菜、花生	都有种皮和胚，胚都由胚芽、胚轴、胚根和子叶构成	两片	无
双子叶有胚乳	蓖麻、莲、荞麦、胡萝卜、苋菜、柿		两片	有
单子叶无胚乳	慈姑、泽泻、眼子菜		一片	无
单子叶有胚乳	玉米、小麦、水稻、高粱		一片	有

植物的光合作用

绿色植物通过叶绿体利用光提供的能量，将二氧化碳和水等无机物合成淀粉等有机物，并且把光能转变为化学能，储存在有机物中，同时释放出氧气,这一过程就叫做光合作用。

在光合作用过程中,发生了物质变化,将无机物——二氧化碳和水合成了有机物——淀粉。这些淀粉还可以进一步转化成蛋白质、脂肪等其他的有机物。这些有机物不仅是植物自身生长发育所需要的营养物质,也是人类和动物的食物来源。

在物质变化的同时还发生了能量变化,原来的太阳光能转变成淀粉等有机物中储存的能量。这些能量是植物、动物和人体生命活动的能量来源。煤炭、石油等通过燃烧释放出热量,其中的能量都是亿万年前植物通过光合作用所积蓄的太阳能。

生物的呼吸作用要消耗氧气,排出二氧化碳,各种物质的燃烧也是这样。而光合作用则是吸收二氧化碳,释放氧气,这对维持大气中氧气和二氧化碳含量的相对稳定起着极其重要的作用。

由此可见,光合作用是地球上生物生存、繁衍和发展的基础。

●植物光合作用的原理

农业生产是人们为了获得光合作用产物而进行的种植活动,其产量的高低与光合作用制造有机物的多少具有直接的关系,阳光是光合作用的必备条件。阳生植物种在阳光充足的地方,阴生植物种在背阴的地方,即适当提高光照强度、延长光照时间,充分利用阳光,能有效地促进光合作用,提高农作物的产量。

●植物体内的物质运输

植物体内物质运输的结构是茎。根据茎的结构不同,主要可分为木质茎和草本茎。像杨树这样的茎叫做木质茎,其结构从外至内依次是:表皮、木栓层、皮层、韧皮部、形成层、木质部、髓等。其中,木质部中有起运输作用的导管和起支持作用的木纤维。

导管是由许多筒状的、横壁消失(或部分消失)的死细胞上下相连而成的。根、茎和叶脉里的导管是相互连通的。导管的主要功能是运输水分和无机盐。

木质茎的最外面，容易剥离的一层，就是人们平时所说的树皮。它包括表皮、木栓层、皮层和韧皮部等几部分。韧皮部中有起运输作用的筛管和起支持作用的韧皮纤维。筛管是由许多管状的活细胞上下连接而成的。根、茎和叶脉里的筛管也是相互连通的。筛管的主要功能是运输有机物。

草质茎也有木质部和韧皮部，但其结构与木质茎不同。草质茎不具有木栓层，表皮层也非木质化，气体可直接透过表皮细胞间隙与外界进行交换气体。

植物体所需要的水分、无机盐和有机物，通过导管和筛管运输到植物体的各个部位，使每个细胞都能得到生命活动所必需的营养物质，使植物体能够正常地生长发育和繁殖后代。

植物体内水分和无机盐运输的动力是，由于植物体内各器官之间的导管是相通的，水分和溶解在水中的无机盐能从根运输到茎，再运输到叶、花、果实等器官。

植物的蒸腾作用

叶的表皮上有许多气孔，水分可以不断地以气体状态从植物体内散失到大气中，这个过程叫做蒸腾作用。由于蒸腾作用在不断地进行，使气孔周围细胞的细胞液浓度增加，细胞便从叶脉的导管中吸水。叶脉中的导管与茎和根中的导管是相通的，其中充满着水。这样，水和溶解在水中的无机盐就形成一个连续的水流，通过导管，沿着根、茎、叶的途径运输。因此，叶的蒸腾作用是植物体内水分和无机盐运输的主要动力。

●蒸腾作用的生理意义

它是植物吸收和运输水分的主要动力,可加速无机盐向地上部分运输的速率,可降低植物体的温度,使叶子在强光下进行光合作用而不致受害。同时,蒸腾作用还能够提高空气的湿度,增加降水量,有利于自然界中的水循环。

草本植物的常识

满江红

满江红又称绿苹或红苹。生长在静水或池塘中,植物体小,呈三角形、菱形或类圆形,漂浮在水面上。满江红的叶内含有大量的红色花青素,幼小时绿色,到秋冬季节,叶片转变为红色,在江河湖泊中呈现一片红色,十分壮观,因此而得名。

●满江红的实用价值

满江红的须根下沉在水中,茎横卧在水面上,分枝呈羽状。叶片无柄,深裂为上、下两瓣,上瓣漂浮水面,靠它进行光合作用;下瓣斜生水中,呈覆瓦状排列在茎上。有趣的是在叶子下瓣内的空隙中含有胶质,有鱼腥藻共生在其中,鱼腥藻能固定空气中的游离氮,所以就使满江红成为很好的绿肥。其含氮量可高达 65%,比苜蓿还要高。它也是猪、鸭等家畜、家禽的良好饲料。满江红的孢子果成对生在侧枝的第一片沉水叶裂片上,大若小米粒,肉眼都可看见,其成熟后,又可萌发出新的个体。满江红也可供药用。

卷柏

在犬牙交错的乱石山崖上,生长着一种名叫"九死还魂草"的植物。它的学名叫卷柏,是一种多年生草本蕨类植物。株高约 5～10 厘米,茎棕褐色,在主茎顶端丛生小枝,小枝扇形分叉,辐射伸展。小枝上交互排列着两列小叶,为浅绿色。在枝顶上生有孢子囊穗,孢子成熟后可随风飘散。卷柏别名还阳草、长生不死草,多年生草本。卷缩似拳状,枝丝生,扁而有分枝,绿色或棕黄色,向内卷曲,枝上密生鳞片状小叶,叶先端具长芒,中叶(腹叶)两行,卵状矩圆形,斜向上排列,叶缘膜质,有不整齐的细锯齿。侧叶背面的膜质边缘常呈棕黑色。基部残留棕色至棕褐色须根,散生或聚生成短干状。质脆,易折断。孢子叶卵状三角形,背部具龙骨状突起,锐尖,具膜质白边,有微齿;孢子囊肾形,孢子异形。生于山坡岩面、峭壁石缝。分布于我国各地及俄罗斯、朝鲜、日本。以全草入药。味辛,性平。可用于活血通经等。

●九死还魂草

卷柏有极其顽强的抗旱本领。在天气干旱时,小枝卷起来,缩成一团,以保体内的水分。一旦得到雨水,卷缩的小枝叉平展开来,继续生长。在干旱缺水、温差变化很大的石崖缝隙中,卷柏经过几番"枯死"和"还魂"的磨难,才能长大和繁衍,所以被人们称为九死还魂草。卷柏全株可供药用,是收敛止血剂。卷柏也可作为一种观赏植物。

●西伯利亚卷柏

西伯利亚卷柏为多年生草本。植株灰绿色,密集垫状丛生,茎下部褐黄色。主茎匍匐,分枝短而多数,斜升,随处生有根托。叶密生,覆瓦状排列,条状披针形或条状矩圆形,背部具深沟,边缘有纤毛状齿,顶端具白色长刚毛。孢子囊穗单生于枝端,四棱形;孢子叶狭卵状三角形,背部具深沟,边缘有纤毛状齿,先端具白色长刚毛。大孢子囊位于孢子囊穗下部,小孢子囊位于上部。生于山顶岩石阴面,山坡岩面。分布于我国东北及俄罗斯、朝鲜、日本。以全草入药,味微苦,性凉,有凉血止血的功效。

●中华卷柏

中华卷柏别名地柏枝,为多年生草本。植株平铺地面,茎坚硬,圆柱形。主茎和分枝下部的叶疏生,黄绿色,椭圆形,贴伏于茎。分枝上部的叶4行排列;背叶2列,矩圆形,边缘具厚膜质白边,内侧边缘具长纤毛,外侧纤毛较短，先端圆形；孢子囊穗四棱形，无柄，单生于枝顶；孢子叶卵状三角形或宽卵状三角形，先端长渐尖，大孢子囊通常少数，位于孢子囊穗的下部；小孢子囊多数，位于孢子囊穗的中上部；孢子二型。生于干旱山坡的草丛、路边、林缘。主要分布于我国东北、华北、华东，为我国特有种。以全草入药，味淡、微苦，性凉。有清热利湿、活血通经、止血的功效。

仙人掌

仙人掌属仙人掌科，是旱生植物，全世界约有2000种，绝大多数产于美洲热带、亚热带沙漠中，墨西哥是仙人掌科植物生长最多的国家，也是仙人掌科植物的分布中心。由于沙漠干热缺水，所以，贮藏水分、减少蒸腾，是它们战胜干旱，争取生存的必要措施。仙人掌植物的叶退化成针状，以减少叶的蒸腾作用；茎肥厚多汁，有发达的薄壁组织细胞以贮藏水分。据说墨西哥有些大的仙人掌的寿命可达数百年，内部贮藏1000千克以上的水，旅行的人口渴时可挖食其柔嫩多汁的茎来解渴！有些仙人球直径可达3米，重达2000千克。有些是高大的柱状的种类，也可长成10

米以上。而且,仙人掌植物开花时,绚丽多彩,花色多样,奇特清雅,别具风采。

●仙人掌为什么生长缓慢

仙人掌植物的表皮有硬而厚的蜡质作保护层,生有茂密的绒毛,以保护植株不致受强光的损害,降低蒸腾强度以减少水分的散失。它的表皮上的气孔常常关闭,这也是减少水分散失的一种适应性。按照一般规律,气孔多则有利于植物体与外界的气体交换,促进光合作用和有机物的合成。气孔少且常关闭,势必影响植物的新陈代谢作用,使植物生长缓慢。因此,有些仙人掌生长得很慢,栽了数年还没有长大多少,就是这个缘故。

●仙人掌为什么能抗高温

仙人掌植物生长在沙漠中,气候非常干热,要从沙漠中吸取藏得很深的地下水是很不容易的。在太阳照射下,砂粒和表土的温度很高,又会灼伤根部。在长期的自然选择过程中,仙人掌植物逐进化出根系对干旱的适应性。它们的根主要分布在表土层,根的分支多,根系很庞大,便于吸收降落不多的雨水。它一遇下雨就长出很多新根,大量吸取雨水,把吸收到的水贮藏在薄壁细胞里,供长期使用。另一方面,它的大根有很厚的软木塞样的木栓组织保护,木栓组织不传热、不透水,可以保护根内的细胞不受高温的损伤,使它们在长期灼热的沙土上生活而不致死亡。

●仙人掌的食用价值

仙人掌不仅是一种观赏植物,它的果实还有食用性,不但可以生食,还可酿酒或制成果干,在美洲,它是一种传统的食品,是人们日常生活中不可缺少的一种特色蔬菜和水果。仙人掌洗净切碎后可以煮汤,可以架在炉上烤制,可以做成饼馅,或者直接将新鲜的仙人掌腌制,果实可以当做水果,口感清甜,还有人用仙人掌酿酒呢。仙人掌被墨西哥人誉为"仙桃"。

●仙人掌的药用价值

仙人掌含有维生素、蛋白质、铁等多种有益于人体的成分。近年来，许多国家已开始用仙人掌治疗动脉硬化、糖尿病和肥胖病，并且取得了很好的效果。据说，这主要是由于仙人掌所含的维生素能抑制脂肪和胆固醇的吸收，并可以减缓对葡萄糖的摄取。食用仙人掌的营养十分丰富，它含有大量的维生素和矿物质，具有降血糖、降血脂、降血压的功效。在我国，很早就认识到仙人掌的药用价值了，其味淡性寒，功能行气活血，清热解毒，消肿止痛，健脾止泻，安神利尿，可内服外用治疗多种疾病，对动脉硬化、高血压、肥胖症及肝病也有辅助治疗的作用。

●仙人球

仙人球俗称草球，又名长盛球，为仙人掌科多年生肉质多浆草本植物。茎呈球形或椭圆形，高可达 25 厘米，绿色，球体有纵棱若干条，棱上密生针刺，黄绿色，长短不一，作辐射状。仙人球开花一般在清晨或傍晚，持续时间几小时到一天。球体常侧生出许多小球，形态优美、雅致。一些长着棘刺的仙人球，有的寿命高达 500 年以上，可长成直径两三米的巨球，人们劈开它的上部，挖食柔嫩多汁的茎肉解渴充饥。仙人球由于形态奇特，花色娇艳，容易栽培，因此，受到人们的喜爱。

鹤望兰

鹤望兰是旅人蕉科鹤望兰属植物，为多年生常绿草本植物，高可达 1 米。根肉质，粗壮，茎不明显，叶片从极短的地上茎生出，折叠状，对生，叶片椭圆形，长约 40 厘米，宽约 15 厘米，蓝绿色，叶柄长 30～75 厘米。花大，左右对称，常 6～8 朵排成蝎尾状聚伞花序，生于一船形佛焰苞中。佛焰苞长约 15 厘米，具长的总花梗，萼片 3 枚，橙黄色，花瓣 3 片，紫蓝色，中央的一枚花瓣小，船状，侧生的两枚花瓣靠拢成箭头状，内藏 5 枚雄蕊,花形美丽且奇特,可作盆栽或切花用。

●**鹤望兰的生长特点**

鹤望兰是一种美丽的花卉,又称极乐鸟花,原产南非。它在原产地靠一种很小的蜂鸟传粉才能结实。广州有栽培。由于华南地区没有那种蜂鸟,故必须靠人工授粉才能结实。鹤望兰喜光照充足和温暖湿润的气候,怕霜冻,华南可露地栽培,靠分株繁殖。把植株基部生出的萌蘖株切开分出,在切口处涂上草木灰以防腐烂就可移植,种植时不宜种得过深,以免影响新芽生长。

雪莲

人们常常用苍劲的青松和冰山上的雪莲来形容不畏强暴的坚强气质。雪莲,这种生长在高寒地带的草本植物确有不怕冰雪的特性,它在海拔三四千米的岩石峭壁中,面对着皑皑白雪,仍然倔强地生长,开放出紫红色的花朵。雪莲在高山严酷的条件下,生长缓慢,至少4~5年后才能开花结果。雪莲是一种高山稀有的名贵药用植物,因此保护雪莲资源,无论在科学上或医药学上都有重要意义。

●**高山上的雪莲**

雪莲生于海拔 2400～4000 米的高山上,在我国主要生长于新疆天山、昆仑山、阿尔泰山和帕米尔高原。俄罗斯、蒙古也有分布。它是菊科的多年生草本植物,通常高 15～25 厘米,叶长圆形或卵状长圆形。密集生长,长约 14 厘米,叶缘有小齿。雪莲生长的地方位于高山雪线以下,在那里,气候严寒多变,雨雪交加,冷热无常,最高月平均气温才 3～5℃,最低月平均气温为 −19～−21℃,一年的无霜期只有 50 天左右。在如此高寒地带,雪莲生长很慢,至少要 4～5 年才能开花结果。而且由于生长期短,它只能在气温较暖时迅速发芽、生叶、开花和结果,7 月开花,8 月果熟,生长周期很短,靠保留在地下的根状茎和种子度过寒冷的季节。它的种子很轻,顶端有毛,被风一吹像降落伞一样把种子散布到远处。

含羞草

含羞草是豆科的多年生草本植物,茎淡红色,有短的利刺,它的叶为羽状复叶再作指状排列;小叶对生,长条形,长约 1 厘米,宽约 2 毫米。如果我们用手指轻轻触动含羞草叶的上部,就可见一对对的小叶片,顺着叶轴,很有规律地向上靠拢闭合,依次合拢,逐渐传递。如果你用较大的力去打它,就可见全部小叶顷刻闭合,长的总叶柄也立即下垂,过了一段时间,它又逐渐恢复原来的状态。

●**含羞草为何会"含羞"**

含羞草的叶受到震动或人用手触及的时候会合拢,甚至导致整个叶柄下垂的现象。这是由于刺激在普通细胞中激发了某种电信号,有些学者认为这个电信号沿着输导组织的木质部和韧皮部传递到数厘米至数十厘米远的叶柄和中片的缘故。含羞草所独有的伸长的韧皮部细胞像高速公路一样,保证了电信号传递畅通无阻,其速度可达每秒14毫米。

捕蝇草

在全世界约500种捕虫植物中,捕蝇草是最引人注目的植物。捕蝇草别名落地珍珠、捕虫草、食虫草、草立珠、一粒金丹、苍蝇草、山胡椒,是食虫植物中的一种。它的叶能够迅速闭合,把自投罗网的昆虫马上关起来,最后消化掉。它的捕虫本领比猪笼草、茅膏菜、狸藻等均强得多,奇妙得多!

●捕蝇草怎样捕虫

捕蝇草为产于北美的多年生草本,叶丛生,长4~15厘米,叶柄匙形,边缘有翅,叶片二裂,圆形或肾形,叶缘有多条长纤毛,并在叶面两侧各具3条很灵敏的触毛。当昆虫碰到此触毛时,叶的两边就迅速紧紧闭合,把虫捉住,然后分泌消化液把虫消化掉。捕蝇草的花白色,常2~14朵排成伞房花序,花葶长10~40厘米,有白色花瓣5片,花瓣长12毫米,顶端有不规则的凹缺。果为蒴果,卵圆形,长不及6毫米。

落花生

落花生又称花生、地果、长生果。根部长有很多根瘤,有固氮作用。茎直立或蔓生,被长柔毛。羽状复叶,小叶4片,倒卵形,全缘,先端圆形,两面无毛。花单生或簇生叶腋,具花梗状萼管,蝶形花冠黄色,雄蕊10枚,9枝花丝联合,1枚退化;子房柄极短,受精后子房柄迅速伸长,钻入土中,并在土中发育成茧状荚果,长椭圆形,表面有网状格纹,种子之间缢缩变细,荚果不开裂。种子1~4粒,种皮红色。喜高温干燥,不耐霜冻,宜于砂质土中生长。

●花生的用途

花生富含植物蛋白与脂肪,种子(花生仁)含脂肪50%,可作食用油与工业用油,是中国重要的油料作物。果壳可制酒糟、糠醛;油渣、茎叶作饲料;种子(花生仁)除食用外还可入药,治脾虚肺弱,咳嗽痰喘;种子皮(花生衣)可治各种血症;叶可安神,治神经衰弱、失眠。

番木瓜

番木瓜又称岭南木瓜。它是从国外引种的热带果树,原产美洲热带,为番木瓜科植物。番木瓜的树干灰白色,单干耸立,一般不分枝,树干肉质且多水分,脆而易断,砍伤后,有白色乳汁流出。它的叶很大,近圆形,直径达60厘米,叶丛生茎顶。

叶的边缘不规则深裂。叶柄中空,长达60厘米。番木瓜的花是杂性花,有些是雌雄同株,有些是雌雄异株。所谓雌雄同株,就是在同一株上有雌花和雄花；所谓雌雄异株，是指有些植株上只有雄花，有些植株上只有雌花。只有雄花的植株叫做雄株，只有雌花的植株叫做雌株。通称雄株为"公"，雌株为"母"。

●番木瓜的用途

番木瓜既是果树，又是原料作物。成熟的果实，营养丰富，维生素 C 含量高，可助消化、治胃病。未成熟的青果，除可作蔬菜食用外，还可腌制蜜饯，制作果酱和果汁罐头，又是很好的饲料。青果含有丰富的木瓜蛋白酶，在医药、食品、制革、纺织及美容上广泛应用，是木瓜酶工业的主要原料。

茅膏菜

茅膏菜为多年生的小草本，有球形的地下茎，高可达 30 厘米，它的叶柄细长，长约 1 厘米；叶片略似倒半月形，横径约长 5 毫米，叶片上密生腺毛及触毛。茅膏菜的叶片虽然也是淡绿色，有一定的光合作用能力，但其主要功能是捕虫。叶片上的触毛顶端膨大，上面有分泌细胞，能分泌黏液；当触毛受到外力或昆虫的刺激，它立刻向受刺激的地方弯曲，把昆虫黏住和包卷起来。腺毛能分泌一种含有蛋白酶的消化液。茅膏菜的花小，白色，是两性花。花序生于枝条的顶端，有花数朵，每朵花有萼片和花瓣各 5 片，雄蕊 5 枚，雌蕊 1 枚，它的果很小，成熟时开裂。

●茅膏菜的生长特点

茅膏菜叶片上的触毛和腺毛都很灵敏，如果我们拿一根头发去拨动这些触毛和腺毛，或捉一只小蚂蚁放在叶片上，就立刻见到触毛和腺毛会动，我们常常可以看到茅膏菜叶片上有一滴滴的胶水般的物质，它就靠这些胶黏性的物质去捕虫。所以，在野外可以看到茅膏菜的叶上黏着很多小虫的尸体，这些主要是蚊虫和其他小昆虫。茅膏菜在我国分布较广，长江以南各省多有分布，喜生于酸性土上，常成片生长，例如在粤北翁源县横石水桥边山坡上,就有很多茅膏菜生长。每年冬季,它的地上部分枯萎,至第二年春季 2～3 月间,从地下球形的根状茎上重新萌发出新的茎。

昙花

昙花别名琼花、月下美人,是仙人掌科植物,它没有叶,只有扁化的绿色枝条以代替叶进行光合作用,制造有机养料。扁化的绿色枝条宽约 3～6 厘米,人们往往把它看成叶,枝条的边缘有稀疏的波纹状凹口,待昙花长到一定的高度,积累了足够养料,就从凹口开出一朵朵白色的花朵,昙花的花很大,长约 30 厘米,花的下部为一长筒,上部是一片片的花瓣,约有花瓣 20 片,花筒外面还有很多红紫色的尖细的裂片。

●"昙花一现"

昙花枝叶翠绿,颇为潇洒,每逢夏秋夜深人静时,展现美姿秀色。此时,清香四溢,光彩夺目。昙花的开花季节一般在 6 至 10 月,开花的时间一般在晚上 8～9 点钟以后。开花时,花筒下垂但向上翘起,花的顶端有点像喇叭形,内有多数雄蕊。待花完全开放后,花瓣即逐渐闭合,整个开花过程只有 3～4 小时,真可谓"昙花一现"。

向日葵

　　向日葵为一年生草本,高 1～3 米。茎直立,粗壮,圆形多棱角,头状花序,极大,直径 10～30 厘米,结实。瘦果,倒卵形或卵状长圆形,稍扁压,果皮木质化,灰色或黑色,俗称葵花子。性喜温暖,耐旱。世界各地均有栽培。"更无柳絮因风起,唯有葵花向日倾",这向往光明之花,给人带来美好的希望。向日葵种子含油量极高,味香可口,可炒食,亦可榨油,为重要的油料作物。向日葵的种子、花盘、茎叶、茎髓、根、花等均可入药。可谓一身是药。

●向日葵传入中国

　　向日葵原产于美洲,大约 16 世纪以后,它远涉重洋来到中国。向日葵来到中国,古代园艺家们好奇地接待了它们。17 世纪初期的《群芳谱》、17 世纪末的《广群芳谱》里都有它的芳名:"丈菊""西番菊""蚀阳花""西番葵"。19 世纪初成书的《植物名实图考》说:"按此花向阳,俗间遂通呼为向日葵。其子可炒食,微香。"后来农艺家推荐它说:"向日葵全身是宝!"如今,其经济价值、广泛的用途已广为人们所知。

黄芩

　　黄芩又称香水水草、黄芩茶,唇形科黄芩属中的一种。多年生草本。根茎粗壮,基部伏地,后逐渐上升,高约 30 厘米,基部多分枝。叶披针形至线状披针形,长 1.5～4.5 厘米,宽 0.5～1.2 厘米,顶端钝,基部圆形,全缘,沿叶脉疏被柔毛和下陷的腺点。总状花序在茎和枝顶生,或再聚成圆锥花序;苞片卵圆状披针形至披针形。萼及盾片被微柔毛,果时萼片增大,盾片可达 4 毫米;花冠呈紫色、紫红至蓝色,被具腺的短柔毛,檐部 2 唇形,上唇盔状,下唇中裂片三角状卵圆形,两侧裂片向上唇靠合;雄蕊 4 个,前对稍长具半药,后对较短为全药,花丝扁平;花柱细长,先端微裂;花盘环状,前方稍增大,后方延伸成子房柄。小坚果卵球形,黑褐色,有瘤,腹面近基部有果脐。花果期 7～9 月。

　　●黄芩的药用价值
　　黄芩分布于中国黑龙江、辽宁、内蒙古、山西、山东、河南、甘肃、四川等地,此外西伯利亚、朝鲜、日本、蒙古也有。生于向阳草坡及休荒地。

根茎为清凉性解热消炎药,外用有抗生作用。茎干可提制芳香油。**根茎可作泡茶饮用,故名黄芩茶。**

●土黄芩

土黄芩别名草玉梅、见风蓝,多年生草本,根粗锥形,形如鼠尾,不易拔出。茎多枝而被短毛,幼时四棱形。三出复叶互生。秋季叶腋抽出总状花序,蝶形花冠红紫色。荚果矩圆形,浅黄色,长约8毫米,有黑色球形种子2粒。花果期6～7月。生于林下、草甸。分布于我国内蒙古、黑龙江、吉林;朝鲜、蒙古、俄罗斯。以根入药。祛风湿,强腰膝。用于风湿性关节炎,腰腿痛,腰肌劳损,白带,跌打损伤。

苘麻

苘麻又称青麻。锦葵科苘麻属中的一种。一年生草本,高1～2米。全株密被星状毛和柔毛。茎直立,上部分枝。单叶互生,具长柄,达14厘米,圆心形,叶缘有粗齿,被短毛。夏季开花,花单生于叶腋,黄色,花瓣各5片,花萼杯状,雄蕊多枝,雌蕊子房有10余室,每室有胚珠3粒。蒴果半球状,分果长肾形,13～20个,黑棕色有粗毛,先端有长芒,各具种子3粒,种子三角状扁肾形,黑色。

●苘麻的用途

苘麻生于旷野、田间、路旁、水沟边、堤上。其韧皮纤维粗硬,纤维素含量为65.37％,品质不如洋麻坚韧,但耐湿性强,可作渔网。华北种植较为普遍。其纤维主要供制麻袋、绳索,因拉力较弱,易磨损,产量在减少,正逐步被洋麻和尼龙所取代。其果实可入药,称"冬葵果"。有清热利尿、消肿的功用,用于尿路感染。种子含油15％～17％,油可供制肥皂和油漆。中国南北各省区均有栽培。

天麻

天麻属兰科植物,多年生草本,块茎横生,肥厚肉质,长椭圆形,表面有均匀的环节。茎直立,黄褐色,节上具有鞘状鳞片。6～7月开花,为总状花序,顶生,花黄褐色,结倒卵状长圆形蒴果。分布于我国东北、西南、华东等地。

●天麻的生态特点

天麻的生态与众不同。初夏,由地下块茎顶部抽生出直立的地上茎,很像一支出土的箭,所以在《神农本草》中称为"赤箭"。天麻无根无叶,没有叶绿素,不能进行光合作用制造有机物;也不能吸收水、无机盐。那么,它是怎样生活的呢?原来,在阴湿的杂小林下,寄生着一种真菌,它的菌盖呈蜜黄色,在菌柄上有个环,名叫"蜜环菌"。当它的菌丝体遇到天麻的地下块茎时,全面包裹并伸入其中,天麻的组织细胞会分泌溶菌液,靠消化蜜环菌的菌丝来营养自身。所以,天麻是一种靠蜜环菌生活的腐生植物。

●天麻的药用

天麻原名赤箭,始载《本经》,宋代《开宝本草》始收载天麻之名。明代《本草纲目》中将二者合并称"天麻赤箭"。别名明天麻。可见我国很早就将天麻用于药用了。天麻的块茎内含香草醇、甙类和微量生物碱;药用有通络止痛、息风镇痉的作用。用以治疗高血压、头痛、眩晕、肢体麻小、神经衰弱及小儿惊风等。

苎麻

苎麻是多年生宿根性草本植物,也称白叶苎麻。半灌木,高 1~2 米;茎、花序和叶柄密生短或长柔毛。叶互生,宽卵形或近圆形,表面粗糙,背面密生交织的白色柔毛。花雌雄同株。花果期 7~10 月。其单纤维长、强度最大,吸湿和散湿快,热传导性能好,脱胶后洁白有丝光,可以纯纺,也可和棉、丝、毛、化纤等混纺,闻名于世的浏阳夏布就是苎麻纤维的手工制品。

●苎麻的种植

距今 4700 多年前,我们的祖先已开始种植苎麻,并织布缝衣了。在浙江钱山漾新石器时代遗址中,曾发掘出几块纤维细致、经纬分明的苎麻布。这表明在我国认识和使用苎麻的历史非常悠久。秦汉以后,黄河流域的苎麻种植面积扩大。苎麻织品成为当时的衣着原料之一。我国的苎麻后来传到日本、英国。1810 年亚麻纺织机问世后,苎麻大量输入法国,并发展为重要的纺织原料。19 世纪中后期输入美国、非洲等地种植。现在我国仍是世界上最大的苎麻生产国,所产苎麻行销中外。

白屈菜

白屈菜别名山黄连,罂粟科。多年生草本,高 30~50 厘米。主根长圆锥形。植株含黄红色乳汁。茎直立,多分枝,具纵沟棱。叶互生,轮廓为椭圆形或卵形,裂片卵形、倒卵形或披针形,先端钝,边缘具不整齐的羽状浅裂和钝圆齿,上面绿色,下面粉白色。伞形花序顶生和腋生;花梗纤细;花两性,萼片2片,椭圆形,早落;花瓣4片,黄色,倒卵形;雄蕊多数;柱头头状,先端二浅裂。蒴果条状圆柱形,种子间稍收缩。种子多数,黑褐色,表面有光泽和网纹。花果期5~10月。生于山地林缘、沟谷溪边。分布于蒙古、朝鲜、日本、俄罗斯以及我国东北、华北、华东、陕西、四川、新疆等地。

●白屈菜的药用价值

白屈菜含白屈菜碱、白屈菜红碱、血根碱、原阿片碱、高白屈菜碱、普托品、小檗碱、黄连碱等,尚含白屈菜酸、胆碱、芸香甙等。以全草入药,性凉,味苦;有小毒。功能主治:镇痛,止咳,平喘,消肿。用于胃痛,肠炎,慢性支气管炎,蛇虫咬伤,水田皮炎等。

紫堇

紫堇,中药名苦地丁,罂粟科,一年或二年生草本,全株被白粉,呈灰绿色。茎直立,分枝。基生叶和茎下部叶具长柄,叶片轮廓宽卵形,具短柄或无柄。总状花序顶生;苞片叶状,二回羽状深裂;花梗纤细;花两性,淡红紫色,两侧对称;萼片2片,小型,三角状卵形;花瓣淡紫红色。蒴果狭椭圆形,具宿存花柱,果枝长2~4毫米,下垂。种子少数,近圆形,黑色,具光泽。花果期6~9月。生于农田渠道边、沟谷草甸、人工林下。分布于我国内蒙古、辽宁、华北、陕西、甘肃。以全草入药,有清热解毒、活血消肿作用。

●北紫堇

北紫堇,罂粟科,一年或二年生草本,高:10~30厘米,全株无毛。叶具长柄,叶片为二回三出羽状全裂,最终裂片为倒披针形或矩圆形,灰绿色。总状花序有少数花;苞片披针形或条形;花黄色,萼片2片,鳞片状,早落;花瓣 4 片,两轮排列,背面有龙骨状突起,矩圆筒形。蒴果倒披针形或长矩圆形;种子扁球形,亮黑色。花果期 6～8 月。生于林下、沟谷溪边。分布于蒙古、俄罗斯及我国东北。全草入药,有清热、消肿作用。

啤酒花

啤酒花又称香蛇麻,为多年生缠绕草本,长达 10 米以上。茎具 6 条纵棱,密被细毛并有倒钩刺。叶对生,卵形,边缘具粗锯齿,上面密生小刺毛,下面具疏毛和黄色小油点;叶柄长不超过叶片,具细毛及倒钩刺。花单性,雌雄异株;苞片果期增大,膜质,有油点,包在果实外。瘦果扁平。花期 7～8 月,果期 8～9 月。原产欧洲。我国各地均有栽培,亚洲北部和西北部,美洲东北部也有栽培。

● 啤酒花的用途

啤酒花的雌花果穗有香蛇麻腺体,具特殊芳香,为制造啤酒的重要原料。啤酒花中含有多种维生素,每 100 克中含有 2～30 克雌激素。啤酒花入药,味苦性平,能健胃、安神、止咳化痰。国外民间常用它治癔病、不安、失眠。近年来国内多用于治疗消化不良、腹胀、麻风、结核、膀胱炎、失眠等,取得一定疗效。

葎草

葎草属大麻科,葎草属,一年或多年生草质藤本,匍匐或缠绕,长达数米。幼苗下胚轴发达,微带红色,上胚轴不发达。子叶条形,无柄。雌雄异株。聚花果绿色,近松球状;单个果为扁球状的瘦果。葎草又叫拉拉秧等,全国各地均有发生,为常见杂草,其匍匐茎生长蔓延迅速,常缠绕在农作物或者果树上,严重影响其他植物的生长,它的倒刺对人皮肤易造成伤害。

●葎草的药用价值

葎草别名剌剌秧、剌剌藤、五爪龙、薪草、大叶五爪龙、拉狗蛋、割人藤。全草可入药。性甘、寒,味苦。功能清热解毒,利尿消肿。用于肺结核潮热,肠胃炎,痢疾,感冒发热,小便不利,肾盂肾炎,急性肾炎,膀胱炎,泌尿结石;外用治痈疖肿毒,湿疹,毒蛇咬伤。鲜品捣烂外敷,可治疗蛇咬伤。

荨麻

荨麻是一种多年生草本植物。茎高60～100厘米,叶对生,雌雄同株或异株。其茎叶上的蜇毛有毒性(过敏反应),人及猪、羊、牛、马、禽、鼠等动物一旦碰上就如蜂蜇般疼痛难忍,它的毒性使皮肤接触后立刻引起刺激性皮炎,如瘙痒、严重烧伤、红肿等。特别适合庭院、机关、企业、学校及果园、鱼塘的防盗设施。喜阴植物,生命旺盛,生长迅速,对土壤要求不严,喜温喜湿。广泛分布于亚欧大陆,在我国分布在云南中部、贵州、四川东南部、湖北和浙江。生于山地林中或路边。

●水荨麻

水荨麻为一年生草本植物,荨麻科,高10～50厘米,茎直立,肉质而多水汁,半透明,光滑无毛,叶对生,卵形,雌雄同株。瘦果扁卵形,平滑。花期7～8月,果期8～9月。生于阴湿的山地林内、林缘、林间及阴湿的石缝间,也见于溪边、河岸、草甸及河谷。其根、茎、叶可入药,味甘、性寒,有清热、利尿、安胎、止血的功效。

●麻叶荨麻

麻叶荨麻别名掀麻、蝎子草、扫瓦,为多年生草本,高70～200厘米,全体被柔毛和螫毛。根状茎匍匐。茎直立,通常不分枝,具棱。叶对生,轮廓为五角形;叶柄长2～8厘米;托叶离生,披针形或宽条形。花单性,雌雄同株或异株;雄花花被4全裂,雄蕊4个,退化子房为杯状;雌花花被

4深裂,花后增大,包着果实,子房上位,1室。瘦果扁卵形,光滑。花期7~8月,果期8~9月。生于干燥山坡、丘陵坡地、沙丘坡地、山野路旁、居民点附近。分布于我国东北、华北、西北各省区。

麻叶荨麻全草含有多种维生素、鞣质,茎皮主要含有蚁酸、丁酸及有刺激性的酸性物质。全草可入药,性温,味苦、辛。有小毒。可用于祛风湿,凉血,定痉,治疗高血压病。外用治荨麻疹初起,风湿关节炎,毒蛇咬伤,小儿惊风。

黄连

黄连是多年生草本植物,属于毛茛科。它生长在高山林下阴湿之处,地下部分根茎长而分枝,生着许多须根,均呈黄色。因根、茎多节,成串相连,所以取名"黄连"。叶柄细长,由三片小叶构成复叶。春开小型白花,生于花茎上部,3~8朵花组成聚伞花序,雌雄异株。

● **黄连的药用价值**

俗话说"苦不过黄连"。黄连之所以苦是因为它的根茎中含有一种味道非常苦的生物碱——黄连素。黄连有清热燥湿、泻火解毒的功能。中医用它治疗因湿热引起的腹泻、痢疾和呕吐、脏腑心火亢盛、烦躁不眠。现代医学研究证明,黄连有广谱抗菌作用。它对葡萄球菌、链球菌有强大抑制作用。对金黄色葡萄球菌的抗菌力,比青霉素还强。现已制片剂和针剂,作抗菌消炎药。

甘草

甘草别名甜草根、红甘草、粉甘草、粉草,豆科甘草属中的一种。多年生草本。主根圆柱形甚长,坚实、粉性,外皮红棕色;奇数羽状复叶,全缘,互生。总状花序腋生。花密集,花冠蓝紫色。荚果镰刀状或稍弯曲,外面密被刺状腺毛,种子2~8粒,肾形,黑色。生于干燥草原及向阳山坡。喜钙,产于我国西北,内蒙、华北、东北。同属植物光果甘草又称欧甘草。根灰棕色,外皮不粗糙,荚果不弯曲或稍弯曲,外面不被刺状腺毛。甘草原产地中海,中国新疆亦产。甘草多生长在干旱、半干旱的荒漠草原、沙漠边缘和黄土丘陵地带,适应性强,抗逆性强,为植物界抗干旱的能手,斗风沙的先锋。

● **甘草的药用**

甘草入药已有悠久历史。早在2000多年前,《神农本草经》就将其列为药之上乘。南朝医学家陶弘景将甘草尊为"国老"。以根及根茎入药,皆称甘草并作药用。性平味甘,能补脾益气,清热解毒,祛痰止咳,缓急止痛,调和诸药。炙甘草补脾益气,常用于脾胃虚弱等症,生用治咽痛。应用于糖果、卷烟、蜜饯和医药工业。

人参

人参属五加科,多年生草本植物。茎高约40～50厘米,轮生掌状复叶。伞形花序单生茎顶,花淡黄绿色。果实扁圆如豆粒,秋天成熟时为红色。根为纺锤形肉质主根及分枝,形似小人。根含多种人参皂甙及少量挥发油。野生的山参,多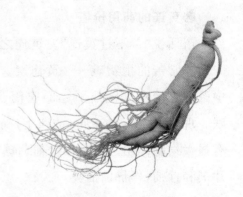生长于气温低、光照长、土壤肥沃的山坡地带,我国以长白山所产的人参最为著名,野生参生长缓慢,采集困难,现在我国进行人工栽培的人参已弥补了野生参这一缺憾。

● **人参的药用**

人参为第三纪孑遗植物,也是珍贵的中药材,以"东北三宝"之首驰名中外,在我国药用历史悠久。人参有大补元气,治疗久病虚脱,并能健脾益肺、安神增智，是著名的补气强壮药。长期以来，由于过度采挖，资源枯竭，人参赖以生存的森林生态环境遭到严重破坏，因此古代的山西上党参早已绝灭，目前东北参也处于濒临绝灭的边缘。

●孩儿参

孩儿参别名童参，多年生草本，高 10～20 厘米。块根纺锤形，淡灰黄色。茎细弱，直立，常单生。叶形多变，花期披针形，花后渐增大成卵形，或宽卵形，成轮状，两面无毛，叶柄长 1～10 毫米。花二型，普通花单生茎顶或腋生，萼片 5 片，狭披针形，长约 5 毫米，边缘膜质，背面被柔毛；花瓣 5 片，白色，狭矩圆形，长约 6 毫米；雄蕊 10 个；子房卵形，花柱 3 个；闭锁花生茎下部叶腋，萼片 4 片，无花瓣。蒴果近球形，含数粒种子；种子肾形，黑褐色，表面具乳头状突起。花期 6～7 月，果期 7～8 月。生于山坡草地、林下阴湿处。分布于我国东北、华北、西北、华中、华东；朝鲜、日本。

玉簪

玉簪是百合科玉簪属的一种。多年生草本，具粗的根状茎。叶大，基生，具长柄，叶片卵状心形或卵形，有光泽。花茎从叶丛中抽出，总状花序，基部具苞片；秋季开花，花白色，芳香，花被筒下部细长，花被裂片 6 枚，长椭圆形；雄蕊贴生于花被筒内；花柱常伸出花被外。蒴果圆柱形。喜生于阴湿处。

●玉簪的药用

玉簪原产我国及日本；我国各地都有栽培。分根繁殖，为庭园观赏植物。鲜花可提取芳香油；全草、根和花入药；花具有清咽、利尿和通经的功能；根、叶有小毒；外用可治乳腺炎、中耳炎、疮臃肿毒、溃疡等。花也供蔬食或作甜菜，但必须去掉雄蕊。变种重瓣玉簪和玉簪的主要区别是花为重瓣，栽培供观赏。

黄芪

黄芪也叫"黄耆"，是著名的补气良药，对人体具有强壮作用。黄芪属于豆科，是多年生草本植物，夏季开蝶形花，果实为荚果，根很长，种植4年以上的根，方可采收。在秋季采收的黄芪含微量元素硒较多，因而质量较好，黄芪的茎、叶营养丰富，是牲畜的优良饲料。黄芪主要生长于我国北方土层较厚的地方，以内蒙古和西北产的黄芪为上品。

● 黄芪的药用

黄芪（耆）素以"补气诸药之最"著称，是一种名贵的中药材，也是一种最常用的中药材。中文名黄芪含义为"黄色的头"，意指其药材根的黄颜色和重要的补药。现代医学研究表明，黄芪有加强心脏收缩的作用，对因中毒或疲乏而陷于衰竭的心脏病，黄芪的强心作用十分显著；有扩张血管的作用，能改善人体血液循环、营养状况和降低血压；还有保护肝脏、治疗肾炎的作用。

报春花

报春花又名"樱草"，全世界共有500余种，我国约有390种，占世界报春花种类的4/5。因此我国是世界上报春花种类最多的国家。报春花为报春花科多年生草本植物。花朵极为美丽，花冠形如漏斗状或高脚碟状，上部有5个裂片，每个裂片又一分为二，从上部看，很像是樱花，故又名"樱草"。报春花色彩丰富之极，有白色、水红色、紫色、金黄色、里红外白等各种类型。再有一个特点，那就是报春花开花很早，花期又较长，如四季报春，一年常开不败。因此，人们称报春花是春天的使者——它第一个向人们报告春天的到来。

● 报春花的繁殖

报春花的花朵构造与蜜蜂之间有着极为巧妙的适应。有的植株，雄蕊长而雌蕊短;有的却相反,雄蕊短而雌蕊长。当蜜蜂到雄蕊长、雌蕊短的花中采蜜时,就恰好把花粉传到雌蕊上;当它再钻出来时,身体就会粘上花粉,而到达雄蕊短、雌蕊长的花中采蜜时,身体前部就又沾满了花粉,等到另一朵雌蕊短、雄蕊长的花中时,又会把花粉传给它。蜜蜂这位带翅膀的媒人就这样来往于群花之中,使报春花达到授粉的目的,完成繁衍子孙的使命。

● **报春花的生长特点**

报春花类植物的踪迹遍及我国各地,但主要分布在西部及西南部一带。其中藏报春原产我国,花有粉红、深红、淡青及白色。后经栽培驯化的品种有大白花、裂瓣、皱叶、星状等,开花时期持久;四季报春产于我国西南、湖北、湖南山野中,花朵形似漏斗,花色极为繁多,有白色、洋红色、紫红色、蓝色、淡紫色、淡红色等。

龙胆

龙胆花与杜鹃花、报春花一起,并称为我国天然生长的"三大名花"。龙胆花花色素雅、花姿婀娜。在我国除西藏外几乎各地均有分布。龙胆,高约50厘米,根棕黄色,茎稍带紫色,叶片两型,茎下部的叶片小,呈鳞片状,茎中上部的叶卵状披针形,长3~8厘米,基部抱茎,若摘下一片品尝,便会觉得味苦似胆。钟形蓝紫色的花常数朵簇生于茎顶及上部叶腋。龙胆是珍贵的野生花卉资源。

● **龙胆的药用**

龙胆花不仅可供观赏,而且还是著名的药材。经科学验证,其根茎富含龙胆苦甙及龙胆碱,味苦、性寒,有泻肝胆火气、清湿热之功效;主治高热不退、头晕耳鸣、胆囊炎、胃炎、消化不良、目赤肿痛等症，是一味有名的中药材。

● **白山龙胆**

在长白山海拔 1800 米左右的高山带，以及天池边的湿润草地上，还生长着一种白山龙胆，高度仅有 10 厘米左右，根、茎都很细弱，与整个植株大小相比，它的花朵又显得很大，花长可达 3 厘米，常数朵一齐盛开在枝顶。它的花筒很长，盛开时像一支支唢呐，吹奏着夏日的欢歌，未绽的花蕾纹络盘旋，似一根根蓝紫色的神笔，书写着夏日的绚丽。白山龙胆株形小巧别致，花朵形奇色美，是长白山高山带重要的观赏花卉。可引种公园草地栽培、点缀草坪和供人们观赏。

百合花

百合花为百合科多年生球根花卉，花被常为 6 片，以球根状的鳞茎过冬和繁殖。世界上百合属植物共有 100 种左右，我国约产 30 余种，是世界上百合种类最多的国家。有许多种类已被引种栽培，成为有名的观赏花卉，如常见的百合有兰州百合、湖北百合、卷丹、麝香百合、王百合等。因其花朵形状雅致，株形窈窕而堪称花中的高雅之士。在我国中原一带较为常见的百合，花为乳白色，外侧花被稍带棕色晕，原产我国西南、东南及河南、河北、陕西、甘肃一带。有扁圆形带紫晕的黄白色球茎。花朵素雅，而且幽香袭人，因此，也称它为"香花百合"。

● **毛百合**

毛百合又名"卷莲花"，在东北的长白山区各地均有分布，花朵红色，直径可达 8 厘米，常一朵花直立盛开在茎顶端，花瓣外侧有紫色斑点。每年 6～7 月，当你踏上长白山，在向阳林间草地、林缘等处都会一睹它的仙姿芳容。远远望去，犹如一团艳丽的彩球，凌空飞舞，充满着无穷的魅力。

●崂山百合

我国野生百合资源丰富，1987年，国外学者来青岛考察，发现了一种奇异的百合，定名为"青岛百合"，此后，又在崂山发现了它，因此又称其为"崂山百合"。崂山群峰秀丽，层峦叠嶂，气候宜人，是有名的避暑胜地。崂山百合成为这里幽谷中的一朵名卉，花朵橙黄而带着漂亮的紫色斑点，异常艳丽。

●百合的药用

百合花高雅别致，不仅供人们观赏，而且它们的鳞茎富含皂甙、糖类及淀粉，是难得的美味食品，同时，又有很高的医药价值。鲜茎入药称"百合"，性味甘平，有润肺止咳、清心安神之功效，可治疗肺病久咳、高热惊悸、神经衰弱等症。据国外文献报道，百合鳞茎还能治疗骨折、烧伤及冻伤，并有促进外伤愈合的作用。

卷丹

卷丹是百合中的大花，它常生长在海拔400～1000米的山坡灌丛中或水边、草地等处，高达150厘米。花朵直径可达15厘米。花瓣橙红色，向外反卷,并散布着紫黑色的斑点,淡红色的雄蕊向四面伸展,常3～6朵花同时开放,宛如聚在一处的彩色灯笼,而伸展的雄蕊则好似灯笼下悬垂的璎珞。卷丹不仅花大美丽,而且还是有名的食用百合。此外,花大者还有王百合,又名峨眉百合,原产于四川西北760～2200米的山谷林中,花瓣也向外反卷,内侧白色,筒部带黄色,外侧为淡雪青至紫色,芳香扑鼻。

●卷丹的人工栽培

百合花主要靠球茎(也称鳞茎)来进行繁殖。但卷丹还以叶腋生出的紫色珠芽繁殖。用鳞茎繁殖可在每年9～10月间,选择无病害、健壮的大鳞茎,用刀切去基部,分离出许多小鳞片;在苗床上挖沟,将小鳞片排行斜插入沙土中,再盖以细沙,保持湿润,于25℃左右的温室中进行催芽;两个月后就会从鳞片切口处长出小鳞芽来,然后于第二年春季移栽大田,3年后即可开花。

山丹花

当你到了西北高原,伴随着羊群走过酸枣林旁,你会看到一片片的山丹花。山丹花即山丹百合,也叫渥丹。花色纯红,无任何斑点,在绿树草地旁显得格外夺目。眼看着这美丽的景色,耳听着"山丹丹花开红艳艳……"这首古老的西北民歌,常常令人浮想联翩、心驰神往。山丹花,百合科,是一种多年生草本,每年6月底至7月初开花,花色鲜红或紫红,花朵下垂,花一至数朵。山丹花野生于山坡。我国北部居多。历代很多文人吟咏山丹花,南宋诗人杨万里有诗赞曰:

> 春去无芳可得寻,山丹最晚出幽林。
>
> 柿红一色明罗袖,金粉群虫集宝簪。
>
> 花似鹿葱还耐久,叶如芍药不多深。
>
> 青泥瓦斛移山花,聊著书窗伴小吟。

● **山丹花的药用**

山丹花是人们喜爱的名花之一,它与百合为同属植物,不但其形状相似,而且食用与药用功效也基本相同。据资料记载,山丹花具有活血、解毒的功效。可治疗疮疖肿毒、吐血、小儿湿疮、虚劳咳嗽、心悸、失眠、肺结核和气管炎引起的咳嗽等疾病。

菊 花

菊花为多年生草本植物。株高20～200厘米,通常30～90厘米。菊花的故乡是我国。早在5世纪,古籍中就有"季秋之月,鞠有黄华"的记载。相传在8世纪初期的唐代,菊花才东渡日本,日本人把它作为"皇室御用花",12世纪,菊花渡过英伦海峡,传到英国,17世纪,传遍欧洲,19世纪才传到美洲。远在汉代我们的祖先就已发现,菊花可治病和酿酒。这在《风俗通义》和《西京杂记》中均有记载。菊花色彩丰富,有红、黄、白、墨、紫、绿、橙、粉、棕、雪青、淡绿等。菊花是中国名花,不仅品种多,且花姿、花型千姿百态,十分秀丽。我国古代文人对菊花倍加称誉,梅、兰、竹、菊被称为花卉"四君子"。

● 菊花的药用

菊花不仅有观赏价值,而且药食兼优,有良好的保健功效。有的供药用或作消暑清凉饮料如滁菊、杭白菊等,有清凉镇静的功效,治头痛、眩晕、血压亢进、神经性头痛及眼结膜炎等症。菊花茶气味芳香,可消暑、生津、祛风、润喉、养目、解酒。把菊花拌在米浆里,蒸制成糕,或用绿豆粉与菊花制糕,具有清凉去火的食疗效果。将菊花与银耳或莲子煮或蒸成羹食,加入少许冰糖,可去烦热、利五脏,治头晕目眩等症。菊花有散风清热、平肝明目的作用。

兰花

兰花为多年生草本植物。唐以前的"兰"是菊科的都梁香,并非兰花,兰花即指兰科的春兰,它是在宋代才被重视起来而逐渐用它顶替了古兰的地位。北宋初陶谷在《清异录》中说:"兰虽吐一花,室中亦馥郁袭人。"这里指的即春兰。兰花是珍贵的观赏植物。据不完全统计,目前全世界有 700 多个属、2 万多个种,每年还发现和培养出不少新品种。

●春兰

春兰又名草兰、山兰。春兰分布较广,资源丰富。花期为一年的 2～3 月,时间可持续 1 个月左右。花朵香味浓郁纯正。名贵品种有各种颜色的荷、梅、水仙、蝶等瓣型。从瓣型上来讲,以江浙名品最具典型。

●兰花的象征意义

兰花被誉为"花中君子""王者之香",梅、兰、竹、菊被称为花卉"四君子"。自古以来,人们就把兰花视为高洁、典雅、爱国和坚贞不渝的象征。兰花风姿素雅,花容端庄,幽香清远,历来作为高尚人格的象征。诗人屈原极爱兰花,在他不朽之作《离骚》中,多处出现咏兰的佳句:"幽兰生前庭,含薰待清风。"兰花还具有更深层的文化意义,在中国传统四君子梅、兰、竹、菊中,与梅的孤绝、菊的傲霜、竹的气节不同,兰花象征着一个知识分子的高尚气质。

芍药

芍药亦作勺药,又名将离、没骨花,为多年生宿根草本,高 1 米左右。具纺锤形的块根,并于地下茎产生新芽,新芽于早春抽出地面。初出叶红色,茎基部常有鳞片状变形叶,中部复叶二回三出,小叶矩形或披针形,枝梢的渐小或成单叶。花大且美,有芳香,单生枝顶;花瓣白、粉、紫或红色。我国产的芍药植物有 8 种:草芍药、美丽芍药、芍药、多花芍药、白花芍药、川赤芍药、新疆芍药和窄叶芍药。芍药不仅是名花,而且根可供药用。

●芍药的栽培

芍药在我国栽培很早。《诗经》《山海经》等先秦古籍中都有关于它的记载。在先秦的花坛中,当首推芍药为第一名花。唐时,牡丹大盛,芍药稍见逊色。《埤雅》说"世谓牡丹为花王,芍药为花相"。但至宋代,芍药的培育又迎来了一个新高潮,这时扬州已能培育成黄、红、紫、白诸色芍药花,每色中复有若干品种,如红芍药就有冠群芳、点妆红、醉西施、瑞莲红、霓裳红、柳浦红、缀珠红等等名色,从而使这种古老的名花,一直保持着其优异的地位。

勿忘草

勿忘草又称勿忘我,是长白山中富有神奇色彩的小草,它属紫草科多年生草本。如果有幸来长白山，你若留心，在茂密阴郁的针叶林缘附近，甚至在砂质地的山路两旁，都会看到一簇簇尺余高的丛生小草，开着蓝紫色的小花，它就是勿忘草。它的茎枝纤细，叶片的形状很像柳树的叶子。无数朵小指甲大小的蓝花开满了茎顶部的每个小枝，每朵花的五片蓝色花瓣仿佛是天上的蔚蓝色染成的，诱人遐想。

● 勿忘草的传说

每当看到勿忘草那幽蓝的花朵，便会使人油然想起它令人心动的名字中所蕴涵的悲剧性的爱情故事：在很久以前，有一对相爱的青年男女来到山中游玩，不知不觉地走到了一片沼泽地上。这时候，女的突然看到一枝很美的蓝花小草，男的便欣然为心上人去采摘，谁知刚摘到手里就陷进了绿草掩盖下的沼泽泥潭中，只听他说了一句"不要忘记我"，就沉了下去，只有那束蓝色的小花留在了他沉下去的地方。后来，人们为了铭记这个感人的故事，就把这花叫做"勿忘草"。如今，在长白山的山野里，到处都盛开着这美丽迷人的蓝色小花。

● 勿忘草的生长特点

勿忘草耐寒，喜凉爽气候和半阴环境。其株形柔美，花色新颖，生长快，春天播种，夏秋开花。有白花变种和红花变种。园林中可供花坛、林缘、岩石园等处种植,亦可盆栽或作切花,以供观赏。特别是它的名字,寓意深长,因此,常常作为情侣间的相赠之物。它的花枝也是制作礼品花束和插花的理想材料,是珍贵的野生花卉资源。

溪荪

在长白山的夏季,当你攀行于崎岖的山路,或是漫游那无边的林间旷野,徜徉在松林下那片神秘的沼泽地上,都会有幸看到那一簇簇丝带般的绿叶中盛开着蓝紫色的硕大花朵,那就是溪荪。溪荪也称"东方鸢尾",它是鸢尾科多年生草本。在我国东北、华北等地均有分布。高约60厘米,有横走的地下根状茎,根状茎上有许多须根,茎生叶线状,长20～60厘米,叶脉平行。在7～8月的花期,叶丛中的花茎上便会绽放出蓝紫色的花朵,花朵直径达8厘米,常两朵并生在茎顶,花被片6枚,分两轮排列,外部的3片较大,有网状脉纹,内轮3片直立,基部有爪,令人感到奇特的是它的花柱先端裂成花瓣一样的3片,仿佛花中有花一样,十分别致。

●溪荪的生长特点

溪荪常生长在海拔400～1000米阳光充足、土壤肥沃的山坡、林间草地或溪流边。它花大色艳,又常常两朵同时开放,仿佛一对展翅欲飞的燕子,故素有"燕子花"之称。溪荪性耐寒,适应性强,很适于引种栽培,供人们观赏。也是制作切花、插花的极好材料。同时,全草富含阿亚敏素、当药黄素,入药,有清热解毒的功能。若将其根状茎捣烂外敷,还能治疗疔疮肿毒等。

柳兰

在长白山夏季的六七月份,每当一阵山雨过后,火热的太阳又普照着翠绿如洗的山林和大地,此时,在那长长的山路旁和层层松林的边缘那充满生机的林中绿草阳坡上，一丛丛柳叶上红紫色像火一样的大花束便为这清新的环境又增添了热烈迷人的色彩，令人感到心旷神怡。这种有着火一样花束的植物就是柳叶菜科的多年生草本——柳兰。

柳兰高约1米左右，茎直立而分枝极少，叶子在茎上交互生长，因它的叶片形状很像柳树的叶子，故而得名柳兰。它那像火炬一样的大花束是由许多直径约2厘米的红紫色小花在茎顶端密集而成的，每个小花有4枚倒卵形的红紫色花瓣，小花直径约3厘米，片片花瓣宛如少女的朱唇一样红润可爱。时而在山风中轻轻舞动，不失垂柳之潇洒，又赛过春兰之娇艳。

●柳兰的栽培

柳兰花期长，花束大，适应性强，而且有成片生长的习性，可种植于公园花坛和街道旁，供游人观赏。它的繁殖也极其容易，在秋季9月采集种子，阴干后贮存。在播种前用水浸泡5～6天，然后条播在苗床上，稍覆土后，浇水并保持湿润，待种子萌出幼苗后进行移栽即可。

●柳兰的药用

柳兰的全草富含山楂酸、熊果酸、柳兰聚酚及槲皮素等，皆可药用。根味辛、苦，性平，有小毒，有调经活血、消肿止痛功能，主治月经不调、骨折、关节扭伤等。地上部分的枝叶味苦、性平、无毒，有消肿利尿、催乳、润肠和消炎功能，主治乳汁不足、气虚浮肿、食积胀满等。

木本植物的常识

橡胶树

　　橡胶树是世界上能够产生橡胶的植物,有数十种之多,其中有木本的和草本的,也有藤本的。但直到现在,最主要的橡胶植物是橡胶树。橡胶树是大戟科的常绿乔木,高达 20 米,树皮灰白色,树皮内有丰富的乳管,乳管内贮藏着白色的胶乳。它的叶有长叶柄,叶柄顶端生有小叶 3 片,小叶长椭圆形,长 10～25 厘米,宽 4～10 厘米,叶的顶端渐尖,基部渐狭。

●橡胶树的生长环境

　　橡胶树原产于南美巴西亚马孙河盆地的热带雨林中,性喜高温、高湿、降水均匀和风力较小的环境条件。在年平均温度 21℃～24℃,年雨量 1500～2500 毫米,雨量分布均匀,空气湿度较大,静风和土层深厚,富于有机质,排水良好的沙壤土中生长最为适宜。它一般在气温 18℃ 以上生长正常,15℃ 以下停止生长,5℃ 以下即受寒害。在广州附近露地栽培虽然偶亦可以越冬,一遇特大寒潮,地上部分常被冻枯,甚至整株冻死。

●橡胶树的经济价值

橡胶树又名巴西橡胶树或三叶橡胶树,它在全世界的热带地区普遍栽培,传至我国海南已有 70 多年的历史。目前广东湛江地区、广西和云南南部、台湾以及福建东南部都有试种。随着我国现代化建设的迅速发展,对橡胶的需要量与日俱增。因此,积极种植橡胶树,努力发展橡胶生产,具有重大意义。

格木

格木是豆科植物,别名东京木、铁力木等。它属于我国第一类保护的稀有珍贵树种。格木为常绿乔木,高达 25 米,胸径在 410 厘米以上,幼树的树皮灰白色带淡褐色,老树的树皮深灰褐色,不裂或微纵裂,小枝有锈色毛。它的叶为二回奇数羽状复叶,它的花小而密生,排成总状花序,花的直径约 4 毫米;格木的荚果扁平,带状,颇坚硬,长达 16 厘米,成熟时黑褐色,开裂。它的种子扁椭圆形,黑褐色。花期 3～5 月,果熟期 10～11 月。

●格木的材质

格木性喜温暖、湿润的气候条件,主要分布在我国广东、广西、福建三省(区)、浙江也有分布,多生长在海拔 800 米以下的低山和丘陵地区。格木的木材坚硬,在广西博白、合浦等县又称铁木,意指它的木材坚硬如铁。格木木材的心材和边材区别明显,心材大,黑褐色,有光泽,边材黄褐色且稍暗。格木木材的纹理直,结构粗,干燥后不收缩也不变形,耐水耐腐,为做家具、造船、桥梁、码头、车辆和机械工业的上好用材。

咖啡

咖啡是茜草科的常绿灌木或小乔木,叶为单叶,对生或三叶轮生,叶面深绿色,有光泽,椭圆形至长椭圆形,叶片的大小随品种而异,长 12～24 厘米,宽 5～8 厘米。咖啡的花数朵至数十朵簇生于叶腋,花白色,很香,小果咖啡的花瓣为 5 片,大果咖啡的为 7～8 片。花为合瓣花,花瓣的基部管状,上部扩大而分裂为碟状,有雄蕊 5～8 枚,雌蕊 1 枚。咖啡的果为核果,通常果内有种子两粒,果成熟时红色或紫红色。

●咖啡的经济价值

咖啡原产于热带非洲。它们的原产地都是荫蔽或半荫蔽的森林和河谷地带,因此,栽培咖啡须选择热带地区的静风、适当荫蔽、土壤肥沃和比较湿润的环境,才能使它生长良好。繁殖方法一般都用种子繁殖。咖啡是世界三大饮料之一,一般认为它的消费量比茶叶大 4 倍,比可可大 3 倍。咖啡除饮用外,还可提取咖啡碱,用做麻醉剂、强心剂和利尿剂。它的果肉含有糖分,可以制酒精或饲料。

可可

可可树是梧桐科的常绿小乔木,一般高 4～10 米,树皮厚,灰褐色,叶卵状长椭圆形,长 20～30 厘米,宽 7～10 厘米,顶端骤尖,有短的叶柄。它的嫩叶通常为红色。可可的果是具有多个种子的核果,它的形态和色泽随品种而不同,多为椭圆形或长椭圆形,长 15～20 厘米,外形有些像苦瓜。可可果的外果皮有纵沟,常有瘤状凸起,成熟时橙黄色或浅红色,每果有种子 20～50 粒。可可的种子呈椭圆形或卵形,白色或带淡紫色,长约 2.5 厘米。可可的种子经过发酵、干燥和炒焙后,可榨出可可黄油和可可粉,味清香,可供食用。

●可可的生存条件

可可是一种典型的热带雨林树种,原产地在中南美洲热带多雨的森林中。它要求高温多雨和湿度大的生态条件。它是喜阴植物,不适于阳光直射。繁殖方法多用种子繁殖。由于可可的种子一经成熟就很容易发芽,故要及早播种,否则种子会丧失发芽力。一般在春季3～4月间播种为佳。

●可可的经济价值

可可树生长迅速,植后3～5年开始开花结果,以后全年都能开花结果。在海南,可可的开花期多在5～11月,结果期主要在4～5月和9～11月。当果实成熟时就要及时采摘,否则它的种子会在果实里发芽。可可是世界三大饮料之一,可可的种子含脂肪50%,蛋白质和淀粉的含量也很丰富。它的性质比较平和,不像咖啡和茶那样具有刺激性。

一品红

一品红是多年生的灌木,高达4米,叶长椭圆形略带矩圆形,长15～20厘米,叶缘有深波状裂或浅裂,叶柄长6～8厘米。一品红的花很小,雄花和雌花集生在一个杯状的总苞内,总苞的外面有一个淡黄色的凹陷的腺体,腺体能分泌一些特殊的气味,引诱昆虫替它传粉。一品红是昆虫传粉的植物,但花很细小,不易被昆虫发现,因此,有大而鲜红色的美丽的苞片,以引诱昆虫传粉,这是自然选择保留下来的好特性。

●一品红的特点

一般人都把一品红的大而鲜红色叶状苞片当做花瓣,事实上这些都不是花瓣,而是花序上的苞片,也有人以为这些是真正的叶,以为顶端的叶在冬天变红了,因为它的形态与叶片很相像,只是比叶片薄得多。如果我们认真观察,就发现这些红色的叶状苞片,到次年春暖后都全部随花序而枯萎,不能从红色变为绿色。由此可见,红色的叶状苞片不是花瓣,也不是一般的正常叶。

凤凰木

凤凰木又名红花楹,原产马达加斯加和热带非洲,为美丽的观赏树木,现在广泛栽培于全世界的热带地区。花期5月间,开花时满树红花,火红似锦。凤凰木生长迅速,树冠广阔,枝叶茂密,小叶长椭圆形,长约8毫米。它的花大而美丽,鲜红色,直径7～10厘米。

●美丽的观赏树木

凤凰木的果为荚果,长带状,长达50厘米,宽约5厘米,厚而且硬,成熟时深褐色,内有黑褐色的种子。凤凰木开花时花多且大,满树红花,成片鲜红,像这样美丽的观赏树木,实不多见。但花无香味,秋冬季落叶满地,叶片细小,不易扫除,木材不坚实,是其缺点。虽然如此,但它生长迅速,繁殖容易,花色鲜红艳丽,为奇特的观赏树木,适于城市园林绿化建设,可用种子繁殖。

蒲葵

蒲葵为常绿乔木,树干不分枝,高可达20米,它的树干粗壮,有密接的叶痕形成的环纹;叶大,扇形,丛生于树干顶端,嫩时在叶柄基部有棕黄色的纤维承托;叶的直径可达1米以上,掌状深裂成多数裂片,通常有裂片40～50个;叶的裂片长条形,顶端下垂;叶柄长达1米,坚硬。叶柄下部的边缘生有倒刺两行。由于葵叶阔大,不漏水,可用来盖房子。

●蒲葵的实用价值

蒲葵的外形很像棕榈,但棕榈树干较小,叶也较小,叶片比较硬,叶的裂片顶端不下垂,故易区别。蒲葵除了可做葵扇、葵席和盖房子等外,近年医药界认为,它的种子可供药用。蒲葵的树形美观,树叶经年不落,繁殖容易,也是华南良好的庭园观赏植物,广州市花园及马路两旁亦常栽培以供观赏或做行道树。

麻楝

　　麻楝在海南又名母楹,在琼山又名赤心,广泛分布在热带和南亚热带的天然林中。麻楝的木质优良,纹理美观,生长迅速。麻楝为楝科的落叶大乔木,树干直,高达 38 米,胸径达 170 厘米,树皮灰褐色,有粗大的皮孔,小枝上有白色的皮孔。它的叶为偶数羽状复叶,它的果为蒴果,近圆球形或椭圆形,灰黄色或褐色,果的表面粗糙并有淡褐色的小瘤状突起;它的种子扁平,椭圆形,直径约 5 毫米,有膜质的翅,连翅长 1～2厘米。

　　●麻楝的优良材质

　　麻楝主要分布在广东、海南、广西、云南、贵州等省区。麻楝为阳性树种,喜生于湿润和肥沃的土壤,在贫瘠干旱的地方则少见。麻楝的木材结构细致,材质略硬而稍重,易加工,心材耐腐,干燥后略有裂纹,但不变形,纵切面光滑油润,材色淡黄,有光泽,木材纹理好像云彩,相当美丽。所以,麻楝木材适宜于做上等家具及造船、建筑的用材,也是雕刻的好材料。

八角

　　八角又名八角茴香,或称大茴香,它是两广常见的香料植物,广西西部和南部产量最多。八角的果实以及从果实中提取的茴香油,是优良的调味香料和医药原料,除供给国内需要外,还是我国的出口物质之一。八角每年开花两次,第一次在 2～3 月间,8～9 月果熟,这是正造花,结果特别多,占全年果实产量的 90% 以上。第二次开花在 8～9 月间,至次年3～4 月果熟,产果量较少。繁殖八角的方法是种子繁殖。八角种子的种皮非常薄,油质易挥发,容易丧失发芽力,故在种子成熟后宜随采随播,或经过干燥处理后留至次年春暖后播种。

●八角的经济价值

八角的经济价值较大,果皮、种子、叶片都含有芳香油,通称茴香油或八角油。茴香油的主要成分是香醚,约占 85％～95％,是制造香甜酒、啤酒以及其他食品工业的重要香料。经过氧化作用制成的茴醛,是制造香水、牙膏、香皂等的珍贵香料。

珙桐

珙桐是驰名世界的珍贵观赏树木,也是国家一级保护植物。它的花序头状,在花序下面有两枚白色的大苞片,好像一群展翅的白鸽在树上栖息,故有中国鸽子树之称。而且珙桐是第三纪古热带植物的残遗种,在研究种子植物系统进化方面也很有科学价值。珙桐为落叶乔木,高达20余米,胸径可达 1 米,树皮深灰色,常呈薄片状脱落,叶互生,卵形或近圆形。

●珙桐的主要产地

珙桐为我国特产,产于陕西东南部、湖北西部和西南部、湖南西北部、贵州东北部至西北部、四川、云南东北部等地,分布较广。繁殖方面可用种子繁殖和插条繁殖,但它的果核坚硬,不易透水,种子有后熟性,故在采种后必须在低温下层积。播种两年后才不整齐地发芽。苗期须搭荫棚。

水松

水松是古植物,植物学家把它叫做残遗植物,即是说它是古代植物保留到现在还没有绝种的少数代表。远在距今 4000 万年前的新生代,水松分布在整个北半球,至少有 5~6 个种。但到现在全世界只遗存 1 种,而且只生长在我国南部和东南部,以珠江三角洲附近分布最多,福建闽江下游次之,都是人工栽培的。韶关南华寺后有 6 株高大的水松,高达 42 米,是世界上最高大的水松。水松为半常绿性乔木,高达 25 米,胸径 60~120 厘米;树皮褐色或灰褐色,裂成不规则条片。

● 水松的生存现状

据古生物学家考证,水松的化石在格陵兰上白垩纪地层中已有发现。在瑞士、英国、北美、日本和我国东北抚顺一带也发现有水松化石,由此可见水松在古代的分布区是很广阔的。到第四纪冰期以后,欧洲、北美、东亚及我国东北等地均已灭绝,仅残留水松一种,分布于我国南部和东南部局部地区。因主产区地处人口稠密、交通方便的珠江三角洲及闽江下游,破坏严重,现存植株多系零散生长。水松耐水湿,为阳性树种,除盐碱地外在各种土壤上均能生长。水松是国家二级保护植物。

紫杉

紫杉也叫"赤柏松",为红豆杉科的常绿乔木。它和我们经常见到的松树一样,属于裸子植物。高可达 17 米。最粗的树干直径达 80 厘米。倒卵形的树冠有如白杨树一般的矫健,红褐色的树皮又比白杨树更增添了几分风采。针形叶表面深绿色,背面黄绿色,有两条气孔带,叶中脉向两侧叶面突起。紫杉是极好的观赏树木,常在海拔 500～1000 米的以红松为主的针阔混交林内分散生长。我国黑龙江省东南部、吉林省东部山区和辽宁东部都有分布。

● 紫杉的生存现状

紫杉是雌雄异株的裸子植物,每年春暖花开的 5 月,淡黄绿色的雄球花成簇地挂满枝头,最有趣的是,它的每粒种子外边都有一个杯状、亮红色的假种皮,远远望去,犹如绿树间点缀着无数颗红玛瑙石,艳丽夺目。紫杉有如此鲜艳的种子,是红豆杉科独有的一大特征。但是,由于紫杉的生长习性为分散式生长,又是裸子植物,繁殖也很缓慢,再加上近年来人们的乱砍滥伐,现已濒临灭绝。保护这一珍贵的自然资源已迫在眉睫。

●紫杉的药用价值

紫杉材质优良,适于作建筑、机械、乐器、雕刻等用材,也是造纸的好材料。同时,它的树皮和种皮均可提制天然食用色素,用于食品加工。它的叶子可制成中药,有通经利尿之功效,用于治疗糖尿病、心悸亢进和高血压等症。

野茶树

野茶树为常绿乔木或灌木,云南分布区多属南亚热带山地季风常绿阔叶林。它的叶质较硬,椭圆形或倒卵状长圆形,长4～8厘米,亦有长达12厘米的,宽1.8～4.5厘米,叶缘有锯齿状的齿,叶的两面均无毛。野茶树的花单生或由2～4朵花组成腋生的聚伞花序,花白色,直径2.5～3.5厘米,有香气,通常有花瓣7～8片。果圆球形或扁圆球形,直径约25厘米,成熟时开裂,内有种子1～2粒。

●**野茶树的分布区域**

云南的普洱茶叶,自古以来是著名的饮料。喜欢品茶的人都知道普洱茶是中国茶的一个好品种。事实上,普洱茶即是野茶树,是茶树的野生种。各地栽培的茶树一般是矮小的,但云南的野茶树的植株高达13米,甚至有些地方的植株可高达20米,主干的直径可达1米以上,被列为国家二级保护植物。野茶树主要产于云南大理、耿马、元江、景东、屏边等县。贵州、福建以及广东乳源、连山和海南南部都有分布。繁殖方法可用种子繁殖。

●**茶树的故乡**

我国是茶树的故乡。早在2000多年前,我国就把茶叶应用在医药方面。公元3～4世纪时,茶叶逐渐作为饮料。到公元6～7世纪时,饮茶的习惯已遍及全国。在16世纪中叶后,我国茶第一次传到欧洲,欧洲人把它作为标本保存起来,到 18 世纪,茶成为欧洲人的饮料之一。唐代,茶由我国传入日本。一直到 17 世纪,茶才传入俄国,以后由俄国茶商波波夫秘密地从我国运去茶种,请我国茶农传授种植方法,俄国人才有了自己的茶叶。后来,茶的制法传入印度、斯里兰卡。现在茶为世界三大饮料之一。适量饮茶,对人体健康有益。唐代陆羽曾著有《茶经》(780 年),是世界上最早的茶叶专著。

金花茶

20 世纪 60 年代初期,我国科学工作者在广西的深山幽谷中首次发现一种金黄色的茶花,它带有芳香气味,真可谓色香兼备,被命名为"金花茶"。山茶花是我国特产的传统名花,也是世界名贵观赏植物。据说世界上已知的茶花有 220 种,就其色彩而言,有乳白、嫣红、浅绿和紫色等等,就是没有黄色的。国外育种学家曾千方百计地用人工方法培育黄色品种的茶花,都没有成功。金花茶的发现,轰动了全球园艺界、新闻界,受到国内外园艺学家们的高度重视,专家认为它是培育金黄色山茶花的优良品种。此品种山茶花极其珍贵。金花茶喜欢温暖湿润的气候环境,生长在土壤疏松、排水良好的阴坡溪沟附近。由于它的自然分布范围极其狭窄,只能生长在广西南宁邕宁县海拔 100～200 米的低山丘陵地区,数量也很有限,现已被列为国家一类保护植物。

●金花茶的生长习性

金花茶为山茶科常绿灌木,高 2～5 米。树皮浅灰黄色,枝条生长较为稀疏。叶色深绿,叶片质地如皮革,长圆形,先端有尖,叶缘微有反卷和细锯齿。隆冬 11 月,正是金花茶开花的时节,它的花期很长,可延续至第二年的 2 月。盛开时,只见金黄色的花朵在绿叶掩映下,显得亮丽非凡,片片蜡质的花瓣晶莹润泽,仿佛刚被晨露洗过一样。花苞未开时亭亭玉立,盛开时含羞俯垂,好似一位待嫁的新娘,娇艳多姿。金花茶的果实为蒴果,内有黑褐色的种子。在我国广西南宁山区发现了金花茶后,近年又发现了十几种金花茶,如平果金花茶、东兴金花茶、显脉金花茶等,都是稀有的黄色茶花品种,均被列为国家级保护植物。

● **金花茶的经济价值**

金花茶的木材质地坚硬,结构致密,是做雕刻及工艺品的极好材料。其花除观赏外,还能入药,治疗便血和妇女月经过多。并能提制天然的食用染料。叶子除泡茶做饮料外,还能治疗痢疾和烂疮。此外,其种子还可榨油、食用或做工业润滑油及其他溶剂的原料。为了使金花茶这一国宝繁衍生息,我国园艺工作者正通力合作,进行杂交选育实验,以培育出更加优良的品种。近年来,在我国昆明、杭州、上海等地已有引种栽培,具有较高的经济价值。

糖槭

糖槭又名糖枫,是多年生的落叶大乔木,高可达 40 米,叶互生,心形,掌状 3～5 裂,长 7.5～15 厘米。花黄绿色,有长花柄,排成顶生或侧生的伞房花序,只有萼片,没有花瓣。果为翅果,连翅长 2.5～4 厘米。糖槭树的寿命很长,树龄可达 500 年,其木材纹理美观,坚实耐用,也是优良的木材,所以它既是多年生的糖料植物,又是优良的材用植物。

● **清甜的槭糖**

糖槭原产于加拿大和美国。生长到 12～15 年的树,其树干的直径就可达 25 厘米,在 2～3 月间在树干上凿开几个洞,就有树液流出,去掉水分后就是清甜的槭糖。树液的含糖量达 3.5%。全世界以加拿大产的槭糖最多,故加拿大的国旗和国徽都以此树的叶为图案。用糖槭树液制成的糖含 85% 的蔗糖,其余是葡萄糖和果糖,所以营养价值很高,清香可口,除供食用外,又是食品工业的珍贵原料。

鹅掌楸

鹅掌楸是木兰科鹅掌楸属植物,为落叶大乔木,植株高达40米,胸径达1米,树干端直,树冠广阔;树皮灰色,有纵裂纹,叶互生,叶片马褂状,长6~12厘米,顶端截平或微凹,两侧各有1裂片,叶的下面密被乳头状突起的白粉点;叶长4.5~8厘米。花为两性花,单生于小枝的顶端,杯状,花的直径5~7厘米。有花被片9片,排成三轮,外轮较小,如萼片状,绿色,内面两轮为花瓣状,黄绿色;雄蕊多数,生于隆起的花托上;雌蕊多数,螺旋状排列在延长的花托上,离生。果为聚合果,纺锤形,长6~8厘米,直径1.5~2厘米。小坚果有翅,连翅长2.5~3.5厘米。

鹅掌楸原产我国安徽、浙江、福建、江西、湖北、湖南、陕西、四川、广西、贵州、云南等省区,零星生长于海拔900~1800米的山地阔叶林中,在江西庐山较常见。

●古老的鹅掌楸

鹅掌楸又名马褂木,它的叶形酷似古人穿的马褂,因而得名。它是古老的孑遗植物,它的化石在日本以及欧洲的格陵兰、意大利和法国的白垩纪地层中都有发现,表明它当时广泛分布于北半球的温带地区,但到第四纪冰期就大部分被寒冷的冰川消灭,现在世界上仅残存鹅掌楸和北美鹅掌楸这两种,它们是鹅掌楸属在东亚与北美洲间断分布的典型实例。对研究古植物学和植物系统学方面有重要的科学价值,为全世界古植物学和植物系统学专家所公认。

苹婆

苹婆是常绿乔木。叶大,椭圆形或长圆形,长约20厘米。它的叶久蒸不烂,味清香,是包裹蒸粽的好材料。它的花单性,有雌花、雄花之分。

花初开时白色,后转为淡红色,钟状且下垂,好像一个个灯笼挂在花序的分枝上。花的直径约 1 厘米。苹婆的果成熟时鲜红色,果皮厚,长圆状卵形,长约 5 厘米。果的顶端有尖喙。每果内有种子 1~4 个。它的种子椭圆形,直径约 1.5 厘米。

●苹婆的生存条件

苹婆除在广东中部和南部广泛栽培外,福建东南部、台湾、广西南部和云南南部都有种植,在广西龙州一带有野生的。它喜生于排水良好的肥沃土壤,耐荫蔽。它生长迅速,树冠浓绿,四季常青,用大枝扦插也易成活。所以苹婆也是一种良好的行道树和庭园观赏树木。苹婆的种子煮熟后味香甜可食,有如栗子,富于淀粉、脂肪和蛋白质。可惜结实率不高,产量不大。如今后能注意选种,育种,提高结实率,是一种很好的木本粮食植物,也是很好的果品。

楠木

楠木是我国的珍贵树种,国家三级保护植物,素以材质优良闻名国内外。楠木的主要产地在四川、贵州、湖南、广西等省区,广东也有栽培。它是耐阴树种,适生于气候温暖湿润、土壤肥沃的地方。楠木为樟科的常绿乔木,高达 40 米,胸径达 1.5 米,树干正直。树皮灰白色带褐色,有浅的不规则纵裂,小枝有毛。它的叶较硬,窄椭圆形、倒披针形或倒卵状椭圆形,它的花淡黄白色,排成腋生的圆锥花序。

●珍贵的栋梁之材

楠木为深根性树木,主根入土很深,不易被风吹倒,它在幼年期,顶芽生长旺盛,顶端优势明显,主干笔直苗壮,侧枝较细而且较短,及至壮年期侧枝逐渐伸长扩展。楠木的木材黄褐色略带浅绿,有香气,木质结构细致,不太重,干后不变形,易加工,加工后纹理光滑美丽,为上等建筑用材,由于其树干平整正直,又经久耐用,可作良好的栋梁之材。也是做家具、雕刻、精密木模、漆器和胶合板面的良材。楠木生长较慢，如果任人砍伐，不加保护，则有绝种的危险，因此，大力营造人工林，是保存这个珍贵树种的必要措施。

望天树

望天树是我国近年才发现的植物新种，顾名思义，这种树很高大，一般高40～50米，亦有高达80米的，可以说它是我国最高大的乔木，产于云南南部和广西西南部的热带森林中。望天树为常绿乔木，胸径达1.5～3米，树干很直。基部有板状根。它的叶互生，椭圆形、卵状椭圆形或披针状椭圆形，长6～20厘米，宽3～8厘米。它的花序顶生或生于叶腋，排成穗状花序、总状花序或圆锥花序。花黄白色，花萼5裂，有毛，花瓣5片，椭圆形，每朵花有雄蕊12～15枚，雌蕊的柱头微3裂，果为坚果，质硬，卵状椭圆形，长2～3厘米，密被白色绢状毛，在结果时花萼的裂片增大成翅状。包围着果实的下部，有利于靠风力传播果实种子，三条长的果翅长约6～9厘米，两条短的果翅长3.5～5厘米，翅上有平行的纵脉和细密的横脉。

●望天树的生长习性

望天树是国家一级保护植物，属龙脑香科，龙脑香科是亚洲热带雨林的代表科。望天树木材的材质优良，是优良的用材树种。但它的结实量少，落果很严重，树又高大，不易采种。它的种子不耐贮藏，容易丧失发芽力，应随采随播。且应加强人工繁殖，以保存这种稀有的珍贵植物。

猴面包树

猴面包树为木棉科的落叶乔木，叶为掌状复叶，有小叶3～7片，叶柄长10～12厘米，小叶长圆形，长7.5～12.5厘米，顶端渐尖，叶背有毛，花白色，单生于叶腋，直径12～15厘米，有花瓣5片，果木质，长圆形，长

10～30厘米,外形与黄瓜相似,果肉多汁,可食用。每当猴面包树的果实成熟时,猴子就成群结队前来,爬上树去摘果吃,因此人们把它叫做猴面包树。

●猴面包树的生长环境

猴面包树生长在干旱的热带地区,在这里,一年之中有八九个月是干旱季节。当旱季来临之时,全部落叶,以减少水分的散失,一到雨季,它靠发达的根系大量吸收水分,这时才出叶、开花。它把吸收到的水储存在树干里,维持长年的生长发育。它的树干虽然很粗,却很疏松,便于储水。它的枝条较多,有广阔的树冠。

纺锤树

在南美巴西东部的热带地区,生长着一种有特殊储水功能的植物,叫做纺锤树。纺锤树是木棉科的落叶大乔木,这种树的树型生得很奇怪,树干的上下两端较小,中间膨大,呈纺锤形,最粗部分的直径可达5米,故名纺锤树。由于它的树干顶端有少数具叶的枝条,整株树的外貌又像一个插上几枝鲜花的巨型花瓶,故又称瓶树。

●纺锤树的生长习性

在纺锤树生长的地区,降雨量很少,旱季很长。纺锤树在旱季来临时就落叶,以减少水分的蒸腾;到雨季才出叶、开花,靠强大的根系大量吸收水分,把吸收到的水储藏在树干内疏松的木质部中,一株纺锤树可储藏 2 吨水,以备它在旱季时生活所必需,整个树干就好像大蓄水池一样。

银杏

银杏又名白果,因为商店出售的银杏是白色的,故有此名。事实上,银杏成熟时的外种皮呈黄色或橙黄色,肉质厚,去掉外种皮才是白色的第二层种皮。银杏是裸子植物,为落叶乔木,树干端直,高可达 40 米,胸径可达 4 米,老树的树皮粗糙,灰褐色,有深的纵裂纹。叶的顶端有波状缺刻或浅裂,有长叶柄。

●"活化石"——银杏

银杏生长较慢,植后 20 年左右才开始开花结实,一般认为祖父种的树要到孙子那一代才能收获种子,故又有公孙树之称。银杏是现存种子植物中最古老的残遗植物,被称为"活化石"。它在中生代很繁盛,分布遍全球,至第四纪冰期后,世界上其他地区的银杏已经绝迹,只在我国保存下来,是国家二级保护植物。

菩提树

菩提树是常绿大乔木,常有下垂的气根和大支柱根。叶有长叶柄,卵圆形,长 10～17 厘米,叶的顶端有一尾状叶尖,叶缘微波状或全缘,网脉小而明显。花单性,很小,除雄花、雌花外尚有不育性的瘿花,均包藏在圆球形的肥厚的花托内;雄花有花被 3 片,雄蕊 1 枚;雌花有花被 5 片,子房倒卵形，花柱侧生；瘿花似雌花，但子房有较粗的长柄。果为聚花果，圆球形，直径约1厘米。菩提树的叶浸水腐烂或用氢氧化钠溶液去掉叶肉后，保存叶脉，上色绘图，可以制成书签，轻盈美丽，价廉物美。繁殖方法可用插枝繁殖，插后容易生根。

● 菩提树的得名

菩提树原产印度，相传此树在中国南北朝梁朝天监六年，由印度名僧智药禅师经西藏来广州时亲手植于广州光孝寺，因此得入我国。现在光孝寺尚有老树一株。或云菩提是梵文"觉得"二字的音译。菩提树之名由此得来。

桫椤

桫椤为直立小乔木，高可达9米，胸径可达20厘米；茎直立，不分枝，上部有残存的叶柄，羽状复叶生于茎的顶端，整个树形好像打开的雨伞一样。叶柄上和茎的上部密生红褐色的鳞片状毛，并有刺状突起。叶柄长30～50厘米，红褐色或黑褐色。叶片很大，长1～2米，宽0.4～0.5米，为三回羽状深裂，小裂片长约7毫米，孢子囊群生于小裂片背面的侧脉分叉处；孢子囊群盖球形，膜质。

● 桫椤的生长习性

桫椤产于我国福建、台湾、广东、广西、海南、云南、四川、西藏等省区；印度、尼泊尔、缅甸、泰国、越南、菲律宾和日本南部也有分布。在粤北英德滑水山和粤东五华县的七目嶂，还可见到桫椤构成的群落，它生于山谷溪旁，常与山蕉伴生。桫椤是孢子植物，它靠孢子繁殖，孢子的生活力较脆弱，长成幼苗后生长也很缓慢，如果它原来生长的森林环境被破坏，或不加保护而任人砍伐，它很快就会灭绝，所以应受到严格的保护。

栗

栗又称板栗、毛栗,壳斗科栗属中的一种。落叶乔木,树皮灰色具深沟,高达20米,无顶芽。叶成2列,椭圆形或长椭圆形披针形,先端渐尖,边缘有锯齿,齿端芒状。初夏开花,花单性,雌雄同株;雄花直立穗状花序,雌花生于枝条上部的雄花序基部,2～3朵生于总苞内。壳斗球形,苞片针形。具密生硬刺呈刺苞状,总苞内有3个坚果,当年9月成熟,熟后4裂。子房下位6室,每室2个胚珠,仅一个胚珠发育成种子,无胚乳。

●栗树的经济价值

栗在我国广泛分布于辽宁、河北、黄河流域和以南各省。它们生于向阳、干燥的沙质酸性土壤中。木材坚硬,可制地板、枕木、矿柱、船舵、车辆、家具等。树皮可提鞣质、栲胶、染料。叶可作柞蚕的饲料。雄花序干后结绳点燃可驱蚊蝇。种子可食并能健胃。花、果实、壳斗、树皮及根均可入药,消肿解毒。

月季

月季又名长春花、月月红、瘦客等,为蔷薇科植物,多年生灌木,枝叶光滑无毛,但有皮刺。月季花期长,香味淡雅或浓烈,品种可多达万种以上。月季花朵硕大,色彩艳丽丰满,有红、白、绿、黄、紫等多种颜色,而且十分清香宜人,因而是人们用来美化环境的主要花卉植物。

●多种多样的月季

月季按园艺分类可分为9类:中国月季、微型月季、十姊妹型月季、多花型月季、特大多花型月季、单花大型月季、藤本月季、树型月季、野生型月季等。十姊妹型是最常见的月季。一株可开花50朵以上,香味淡雅,四季常开。单花大型月季以花朵巨大为特色,色彩鲜艳,香味浓烈,最受人欢迎。

荔枝

荔枝是我国的特产,也是世界上最名贵的果品之一,主要产地在海南、广东中南部和西部、广西南部,以及福建东南部。四川、云南、台湾虽有种植,但产量不多。在国外也有一些国家试图引种荔枝,产量和质量都远不及我国。荔枝令人喜爱,不仅由于果肉味美可口,富于营养,多食不厌,而且由于果圆而红,色泽艳丽,使人爱不释手,赞不绝口。唐代的杨贵妃酷爱吃荔枝,唐玄宗令骑快马从南方运往京城,运到后仍保持鲜嫩。诗人杜牧《过华清宫》有"一骑红尘妃子笑,无人知是荔枝来"之句,宋代诗人苏轼也有"日啖荔枝三百颗,不辞长做岭南人"的句子,更使荔枝美名四传。

●荔枝的产地

荔枝"果味特甘滋","一树下子百斛",被人誉为"压枝天子"。今福建福州西禅寺生长着一株树龄已达 1300 多年的"唐荔",莆田县城的"宋香"古荔,树龄在 1000 年以上。荔枝那艳红的色泽,突起的瘤状外壳,轻轻剥开,果肉洁白如玉,汁多味美,生津止渴,消食消暑,不愧为炎夏清火去热佳品水果。荔枝不仅在我国栽培最久,品种最好,产量最多,而且质量最好。它的原产地主要是在我国南部。现在海南省五指山区原生林中,尚有不少野生荔枝生长,粤西也有分布。19 世纪中叶,荔枝传入泰国、印度。

椰子树

椰子树是热带地区的代表植物,在全世界的热带地区都有分布。椰子树是典型的热带植物,在全年平均温度22℃以上,全年无霜的地区,才能正常生长。我国的椰子产地主要在海南。云南南部也能种植。广东湛江因有冬季寒潮侵袭,椰子结果较少,果肉也较薄,阳江虽可种植,但结果不多,到广州附近就不能种椰子树了。椰子的果大而且坚硬,圆球形或椭圆形,长27～33厘米,成熟时青褐色或棕红色,内有雪白色厚约1厘米的果肉。果肉附着在内果皮的内壁,中间贮藏着椰水。

●椰子树的生长习性

椰子树的品种很多,大致可分为两大类,一类为高种,一类为矮种。海南栽培的多为高种。高种的植株较高,在良好的条件下,植后6～8年开始结果,树龄可达100年;矮种的果较少,椰水较甜,主要用做清凉饮料,成熟的椰子主要用以榨油。椰子树喜生于热带滨海地区,亦能生长在热带内陆的河边、湖畔以及屋前屋后的丘陵地,如能尽量利用海边、河边等地种植,好好栽培管理,对发展我国的油料生产,有一定的意义。

腰果

腰果是经济价值很高的热带木本油料植物。由于它的果肾形,好像"腰子"一样,故名腰果;又因它的种子好像花生一样香而多油,故有树花生之称。腰果的原产地是南美巴西,我国引种腰果已有数十年的历史,从 1958 年起在海南大量种植。雷州半岛、广西南部和云南南部都有种植，均能开花结果。腰果为常绿乔木，一般高 10～12 米。叶倒卵形或椭圆形，长 9～11 厘米，宽 6～8 厘米，叶脉在叶背明显凸出，嫩叶最初为棕红色，后变为绿色。

●腰果的生长习性

腰果的花生于小枝的顶端，密集的花序又大又长。同一个花序上有 3 种花，即雄花、雌花和退化花。腰果树的花期很长，同一株树上有的正在开花，而有些果实却已经成熟。从 10 月至次年 6 月都能不断开花。按照植物的开花习性来说，一年中开花数次或全年花期不断，是热带雨林的特征之一。如在两广南部的番木瓜和杨桃，全年都在开花；番石榴、苹婆等一年也可以开花数次。腰果的果肾形，着生在膨大的花托上，果皮坚硬。成熟时灰白色，长 2.5～4 厘米，宽 2～2.5 厘米。成熟的花托梨形或卵形，多为红色或金黄色，肉质松软。

●腰果的食用价值

在腰果的种子上取出的腰果仁味美可口，营养价值很高，可以生食，也可用来制作高级糖果。油炸后的腰果仁，其味比花生还香。腰果仁榨出的油为上等食用油，榨油后的油饼，营养丰富，含蛋白质 35％，可食用，也可做家禽的饲料。

铁 树

铁树在古生代二叠纪兴起，至中生代相当繁盛，以后在地球上逐渐衰退，现仅有 110 种分布于南北半球的热带及亚热带地区。我国分布有

8种。铁树是四季常青的观赏植物。它的树干粗壮,有鳞甲,坚硬如铁,姿态别致。它是一种雌雄异株植物,雄花圆锥状,像一个大型黄花玉米棒;雌花球状,结满鲜红色板栗大小的果实,像红宝石一样晶莹艳丽。铁树的花、果实、叶片可作药用,有活血、止血和消炎等功能,根有祛风通络之效。

●铁树开花

人们多认为铁树开花非常罕见,自古以来就把铁树开花看做吉祥如意和自由幸福的象征。古书《花镜》中曾记载:"当铁树放花结果时,常被移置堂上,人们置酒欢饮,作诗称贺。"其实,铁树开花并不难,在我国云南、四川、广东等原产地,铁树开花是常见现象,人工栽培的铁树,如果水、肥合适,也能年年开花。铁树幼树不开花,一般播种五六十年后才能开花,与其他植物相比,看铁树开花确实不易。

朱槿

朱槿又称扶桑、佛桑、朱槿牡丹。锦葵科,木槿属中的一种。灌木,高达 6 米。叶宽卵或狭卵形,长 4～9 厘米,无毛,叶柄长 5～20 厘米。花单生于上部叶腋,花梗下垂,近顶端有节;并具条形的小苞片 6～7 片,分离,均有星状短毛,基部合生;萼钟形 5 裂片,镊合状排列,永存;副萼较小,花大,花冠漏斗形,直径 6～10 厘米,通常有玫瑰红色、淡红、淡黄色等其他颜色,有时重瓣,基部与雄蕊柱结合。单体雄蕊,雄蕊突出花冠外。子房 5 室,花柱 5 个,基部合生。蒴果卵形,长 2.5 厘米,有喙。内果皮常分离。

●**朱槿的药用价值**

中国各省区均有栽培,云南、四川较多,中南半岛也有。生山地疏林中,喜肥沃土壤,常栽培作缘篱。茎皮纤维可供作造纸原料,并可代麻制绳索、制麻袋。白色的花可供作蔬菜,全株入药,有清热、凉血、利尿之功效。叶与花入药,主治痈疽、腮肿。它也是一种常见的盆栽花卉观赏植物。

竹柏

竹柏别名杪杉、山杉、那木、竹叶柏,是一种高大的树木,它的叶片长椭圆形或卵状披针形,厚而有光泽,没有主脉,只有多数直出而且互相平行的细脉,好像竹叶一样,故名竹柏。竹柏常混生在海拔 800～900 米的热带亚热带常绿阔叶林中,它的叶片厚而且似竹叶,易于识别。竹柏在我国分布较广,广东、广西、台湾、福建、江西、浙江等省区都有分布。

●**竹柏的实用价值**

竹柏叶长 3.5～6 厘米,宽约 2 厘米;种子圆球形,直径 12～15 毫米,成熟时暗褐色至紫黑色。它的种子含油量 32%,可榨油供点灯或作工业用油。它的木材淡黄色,纹理细致,材质轻软,为做家具及建筑的良材。因其材质似杉木,故有山杉之称。花期在 4～5 月间,种子在 9～10 月间成熟。竹柏叶似竹,茎好像柏,叶色墨绿且闪光,四季常青,树形挺拔多姿,是一种观赏性极佳的植物。

杜松

杜松别名欧洲刺柏、普圆柏,柏科桧属。常绿乔木,高 12 米。树冠圆柱形,老时圆头形。树皮灰褐色。大枝直立,小枝下垂。刺形叶条状、质坚硬、端尖,上面凹下成深槽,槽内有一条窄白粉带,背面有明显的纵脊,横断面成"V"形。球果熟时呈淡褐黄色或蓝黑色,被白粉。种子近卵形顶端尖,有4条不显著的棱。花期5月,球果第二年10月成熟,成熟前紫褐色,成熟时蓝黑色,被白粉。

● **杜松的生长习性**

杜松是喜光树种,耐阴。喜冷凉气候,耐寒。对土壤的适应性强,喜石灰岩形成的栗钙土或黄土形成的灰钙土,可以在海边干燥的岩缝间或沙砾地生长。它的根很深,主根长,侧根发达。抗潮风能力强。在北极区生长茂盛,但在世界各地都可以发现杜松的踪影。分布于海拔自东北500米以下低山区至西北2200米的高山地带。

● **杜松的用途**

杜松枝叶浓密下垂,树姿优美,在北方各地,为常见的庭园树、风景树、行道树和海崖绿化树种。北方城市长春、哈尔滨栽植较多。在公园、庭园、绿地、陵园墓地,可以孤植、对植、丛植和列植,还可以栽植绿篱,盆栽或制作盆景,供室内装饰。杜松全身是宝,含有多种化学成分,可以入药,治疗肾脏损伤、尿血、膀胱热、浮肿等。可充当油性充血皮肤的帮手,还能改善头皮的皮脂,可改善粉刺、毛孔阻塞、皮肤炎、流行性湿疹、干癣等。

樟子松

樟子松为常绿乔木,高达30米,胸径80厘米;树干下部的树皮较厚,灰褐色或黑褐色,呈不规则的块状开裂,上部的树皮黄色至黄褐色,呈鳞片状脱落,内皮金黄色,冬芽长卵圆形,褐色或淡黄褐色,有树脂,一年生枝淡黄色,无毛。针叶坚硬,稍扁,常扭曲。雌球花与幼果紫红色或淡紫褐色,有梗,下垂。球果卵圆形或长卵圆形,成熟时淡绿褐色至淡褐灰色;种子长卵圆形或倒卵圆形,微扁,黑褐色。花期5~6月,球果第二年9~10月成熟。

●樟子松的生长习性

樟子松生于土壤水分较少的山脊及向阳山坡,以及较干旱的沙地等。樟子松耐寒,极端低温$-40℃\sim-50℃$仍能生长,而且耐旱,年降水量$300\sim500$毫米。它的根系非常发达,在瘠薄的土壤、沙丘上也有生长,常呈团状分布。樟子松材质较强,纹理直,可供建筑、家具等用材。树干可割取树脂,提取松香及松节油;树皮可提取栲胶。

侧柏

在柏树里,我们最常见的为侧柏,为常绿乔木,高达20米,树冠圆锥形;树皮淡灰褐色,纵裂成条片;有鳞叶的小枝直展扁平,排成一平面。叶鳞形,长$1\sim3$毫米,先端微钝,交叉对生,小枝中央叶的露出部分近菱形,背面中间有条状腺槽,两侧叶船形。球果近卵圆形,长$1.5\sim2$厘米,成熟前近肉质,蓝绿色,被白粉,熟时种鳞张开,本质,红褐色;种鳞倒卵形或椭圆形,鳞背顶端下方有一向外弯曲尖头;种子卵圆形或近椭圆形,顶端微尖,灰褐色或紫褐色,无翅或极窄的翅。花期5月,果期10月。

●侧柏的生长习性

侧柏为温带阳性树种,生于海拔1700米以下向阳干山坡、岩缝,喜光,幼时稍耐阴,适应性强,对土壤要求不是那么严格,在酸性、中性、石灰性和轻盐碱土壤中都可以生长。在干旱瘠薄的土壤中,它也能萌芽。但其抗风能力不是很强。在山东只分布于海拔900米以下,以海拔400米以下者生长良好。耐修剪、寿命长,抗烟尘,抗二氧化硫、氯化氢等有害气体,分布广,为我国应用最普遍的观赏树木之一。分布于我国南北各省区(除荒漠区和台湾、海南岛外);朝鲜也有分布。

●园林绿化树种——侧柏

在我国,自古以来就常在寺庙、陵墓和庭园中栽培侧柏。今天我们仍可以在北京天坛看到大片的侧柏和桧柏,它们与皇穹宇、祈年殿的汉白玉栏杆以及青砖石路形成强烈的烘托,充分地突出了主体建筑,明确地表达了主题思想。大片的侧柏营造出了肃静清幽的气氛,而祈年殿、皇穹宇及天桥等在建筑形式上、色彩上与柏墙相互呼应,巧妙地表达了"大地与天通灵"的主题。侧柏已被列为北京市的市树。

● "轩辕柏"

侧柏是有名的长寿树种,树姿优美,在陕西黄陵县轩辕庙有一棵"轩辕柏",是该地八景之一,树高达 19 米多,胸径约 2 米,推算树龄在 2700 年以上。新近流行的侧柏品种,如"撒金千头柏""金叶千头柏"等,在城市绿化带配置色块中更是异军突起,与"金叶女贞""红叶小檗""红花木"等争黄斗紫,相映生辉。

● 侧柏的用途

侧柏的叶子是鳞叶小枝,扁平、直展或斜展,对二氧化硫、氯气、氯化氢等有毒气体具有抗性,吸滞粉尘的性能较强,而且树姿优美,常被人们用做庭园树种栽培。侧柏的枝叶可以药用,能收敛止血,利尿健胃;种子可榨油,入药有滋补强壮、安神润肠的功能。

圆柏

圆柏别名刺柏、柏树、桧、桧柏,常绿乔木,高达 20 米;树皮灰褐色,纵裂条片脱落;树冠塔形。叶二型,先端渐尖,基部下延,上面微凹,有两条白粉带,下面拱圆;鳞叶交叉对生或三叶轮生,菱状卵形,排列紧密,先端钝,下面近中部具椭圆形腺体。球果近圆球形,成熟前淡紫褐色,成熟时暗褐色,肉质被白粉,微光泽,有 2~4 粒种子;种子卵圆形,黄褐色,微光泽,长 6 毫米,具棱脊。花期 5 月,果期次年 10 月。

● 圆柏的生长习性

圆柏生于 1300 米以下的山坡丛林中,为喜光树种,喜凉爽温暖气候,耐寒、耐热。在湿润肥沃、排水良好的土壤上生长好,对土壤要求不严,钙质土、中性土、微酸性土壤都能生长。耐旱而且耐湿,树根很深,但忌积水。耐修剪,易整形。分布于我国华北、西北、华东、华中、华南,西南;朝鲜、日本都有分布。

圆柏含有多种化学成分,以枝、叶及树皮入药。性苦、辛、温。有小毒。有祛风散寒、活血消肿、解毒利尿之功效。用于风寒感冒、肺结核、尿路感染;外用治荨麻疹、风湿关节痛等。

●兴安圆柏

兴安圆柏别名兴安桧,常绿匍匐灌木;树皮紫褐色,裂为薄片脱落。叶二型,刺叶常着生于壮龄和老龄植株上,交叉对生,排列疏松,条状披针形,先端渐尖,上面凹陷,有白粉带,下面拱圆,有钝脊,近基部有腺体;鳞叶交叉对生,排列紧密,菱状卵形或斜方形,先端急尖或钝,叶背中部有椭圆或矩圆形腺体。雄球花卵圆形,雄蕊6~9对。雌球花着生于向下弯曲的小枝顶端,球果常呈不规则扁球形,成熟时暗褐色至蓝紫色,被白粉,有种子1~4粒;种子卵圆形,扁,顶端急尖,棱脊不明显。花期6月,果期次年8月。

兴安圆柏生长于400~1400米的多石山地、山峰岩缝或沙丘,有一点岩石缝隙就能生长,生命力极其旺盛。分布于我国大兴安岭、呼锡高原、吉林;朝鲜、蒙古、俄罗斯有分布。枝叶可以入药,味辛,性温。发汗,利尿。

构树

构树又称楮树、谷浆树,桑科构属的一种。乔木,可高达16米;树皮淡灰色,小枝粗壮,密生绒毛。叶膜质或纸质,阔卵形至长圆状卵形,顶端渐尖,基部圆形或浅心形,略偏斜,边缘有锯齿,两面密被柔毛。雌雄异株。雄花序腋生,总花梗长1~2厘米。雄花具短梗,有2~3枚小苞片,花被基部合生,上部有毛。雌花序头状,直径1~1.5厘米,总花梗长

1～1.5厘米,雌花苞片棒状,顶端圆锥形,被毛。花被管状,柱头细长,线形,被短毛,具黏性。聚花果球形,直径1.5～3厘米,肉质,成熟时红色。

●构树的实用价值

构树生于山坡或村旁。分布于我国华南、华东、西南、华中以及河北、山西、陕西、甘肃等;印度、越南、日本也有分布。本种树皮纤维细花,是优质的造纸原料,也可制造人造棉。果实可生食或酿酒,叶可喂猪。果实及根皮入药,有补肾利尿、强筋骨的功效。乳汁可治癣疮及蛇、虫、蜂、犬等咬伤。

见血封喉

见血封喉又称箭毒木、加布、剪刀叶、加独、药木,桑科小波罗亚科见血封喉属中的一种。为热带或亚热带的常绿乔木,高可达30米。基部有围长达8米的板状根。小枝有节疣,光滑无毛,单叶互生,为矩圆形或椭圆状矩圆形,长5～7厘米,宽2.5～4厘米,先端渐尖,基部圆形或心形,常不对称,全缘或有粗锯齿,两面粗糙,叶背、小枝常有毛。花单性,雌雄同株;雄花密集于叶腋,生长在一肉质、盘状、有短柄的花序托上;覆瓦状排列的苞片,包围着花序托;雄蕊和花被片各4枚;花单生于一具鳞片的梨形花托内,无花被,子房与花序托合生,花柱2裂。果红色,有波罗蜜气味,肉质卵形,不到2厘米大小。

●有毒的见血封喉

见血封喉分布于我国云南南部和广东、海南省;南亚、东南亚也有。生于海拔1000米以下的山地、常绿阔叶林。树干流出的白色乳汁有剧毒,少数民族常涂其液于箭头上以猎兽,称"加独",能引起人畜中毒和死亡;其中有毒成分为弩箭子甙与强心甙。见血封喉的纤维细长而柔韧性强,易脱胶,可成为麻类的代用品,或做人造棉的原料,但是该种已成为濒危树种,被国家列为三级重点保护植物。

梅花

梅花是落叶小乔木,高可达 10 米。梅在商周时代就已广泛种植。但那时不是为了赏花,而是为了采果实来当酸味的调料。《尚书·说命篇》说:"若作和羹,尔唯盐梅(要把菜汤的味道调好,得有盐有梅子)。"由于气候的变化,北宋以后,梅树已不能在北方露天生长。而培植梅花,已从这时开始了。由于嫁接技术娴熟运用到梅树的栽培上,经过嫁接培育而成的"缃梅",心色微黄,一朵花可达 20 余瓣,名曰"千叶黄香梅"。古梅花朵丰肥,幽艳芳香,成为奇观。

●梅花的象征意义

梅花不畏严寒、傲霜斗雪的精神及清雅高洁的形象,是中华民族的象征,向来为中国人民所尊崇。孙中山先生推翻清王朝后建立了中华民国,用五色国旗象征各民族的团结,并用梅花五个花瓣象征五色旗。从此,梅花被人们尊为中国的国花,一直沿用至今。宋代大诗人王安石有一首著名的《梅花》:

墙角数枝梅,凌寒独自开。

遥知不是雪,为有暗香来。

●梅花的观赏价值

梅是蔷薇科植物,多年生乔木。叶片阔卵形,叶柄上有两个突起的腺体。花有 5 个花瓣或为 5 的倍数;花色有白、红、墨红、粉红等。花先叶而放,清香宜人。单瓣的品种,花后多能结果,味极酸;重瓣的品种一般很少结果,主要供人观赏。梅树栽培在我国已有 3000 多年的历史,我国长江以南栽培的最多。

●四大古梅

晋梅：据湖北《黄梅县志》记载，这株晋梅乃是晋朝和尚支遁亲手所栽。他当年从九华山带来珍贵白梅一棵，来到黄梅的蔡山，植下此树。

隋梅：浙江天台国清寺的一株隋梅，距今已有 1400 年历史。隋梅相传是佛教天台寺创始人智者大师亲手栽植。

唐梅：种植于浙江杭州超山大明堂院内的一株唐梅，素誉为"馏山之宝"。据说，此梅因种植在杭州吴家桥庞姓园中，一直保留下来。在云南昆明黑龙潭公园也有一棵唐梅，植于唐朝开元年间。

宋梅：杭州超山的另一宝就是宋梅。这株宋梅植于超山之麓的报慈寺前，是六瓣名种（一般梅花是五瓣），距今已 800 多年了。

杨树

杨树在植物分类中属于杨柳科杨属，中国有 59 种之多，如青杨、白杨、胡杨、钻天杨等等。杨树对环境没有什么苛求，只要根部有少许土壤和必要的阳光雨露，它就茁壮地成长，自立于崇山峻岭之中、荒原沙漠之上。杨树树干挺拔，是阔叶树中优良的速生树种，一年就可以长高 1 米，长粗 1 厘米，通常 20 年即可采伐利用，成材时间比油松、红松等要快 1～

4倍。

●杨树的绿化作用

在我国北方的许多城市里,杨树还往往作为行道树植于大街两旁,炎炎的夏日,为人们蔽日遮阴,自己承受太阳的烘烤,把清凉洒向所有的行人,为城市绿化和改善生态环境作出了重要贡献。然而,由于杨树大多数属于雌株,每年到了春末夏初,当雌花成熟时,绿色的细小种子外面,披着一层白色茸毛,在空中随风飘舞,像漫天飞雪,似大地凝霜。不仅污染环境,还有害于人体健康,而且遮行人眼目,挡司机视线,给行车安全带来了巨大隐患。我国的园林科技工作者采用人工杂交手段,经过多年艰苦努力,选育出雄性无性系品种——银中杨,至此,杨树飞絮的一大难题终于被突破。

●银中杨

银中杨树皮光滑、美观,呈灰绿色,皮孔菱形。它保持了杨树生长速度快、成材期限短的优点,因而苗木出圃期短,绿化效果快,是城市绿化理想的速生树种。银中杨适应性强。很多杨树品种在北方地区春秋季节气温变化剧烈时,发生冻梢、破皮,而银中杨有很强的越冬能力,毫无冻害现象。银中杨还具有很强的抗病性,一般的杨树品种容易感染腐烂病和溃疡病,严重时则树木枯死,而银中杨几乎不受这两种病的侵害。银中杨在我国北方许多城市,如沈阳、佳木斯、哈尔滨等城市长势良好,冠形优美,充分显示出其绿化功能和净化环境的作用,已成为杨树家庭中新的成员,备受人们的喜爱。

●银白杨

银白杨别名白背杨,落叶乔木,高达35米;树皮灰白色,平滑,老干粗糙具沟裂;幼枝密生白色绒毛;叶芽和花芽均具胶质。长枝的叶卵形或三角状卵形,掌状3～5圆裂或不裂,基部心形或圆形,上面幼时被绒毛,后变光滑,下面密生白绒毛;短枝上的叶较小,卵形或长椭圆状卵形,边缘具深波状齿牙,叶柄具绒毛。花苞片紫红色,楔状椭圆形,边缘有不整齐锯齿。蒴果光滑。花期4～5月,果期5～6月。

银白杨有耐严寒的特性,在－40℃的条件下亦无冻害。耐干旱气候,但不耐湿热,不耐阴。如果在南方栽培易遭病虫害,且主干弯曲常呈灌木状。在黏重的土壤中生长不良。深根性,根系发达,固土能力强,抗风、抗病虫害能力都很强。寿命达90年以上。原产欧洲,我国新疆有野生天然林分布,我国东北、华北、西北、西藏及亚洲、欧洲、北非有分布。

银白杨树形高大,银白色的叶片在微风中摇曳,在阳光的照射下闪闪烁烁,非常迷人,所以多用做庭荫树、行道树,植于草坪,还可作固沙、保土、护岩固堤及荒沙造林树种。其叶可入药。性味微苦,性平。祛痰,止咳平喘。主治慢性气管炎,咳嗽气喘。

●山杨

山杨别名大叶杨、响杨。落叶乔木,高达20米,树冠圆形或近圆形,树皮光滑,淡绿色或淡灰色,老树基部暗灰色;叶芽微具胶质。叶卵圆形、圆形或三角状圆形,先端圆钝,基部圆形或截形。边缘具波状浅齿,幼时疏被柔毛,后变光滑。花单性,雌雄异株,柔荑花序下垂,花药红色,苞片深裂,裂缘有毛。蒴果椭圆状纺锤形,花果期4～6月。

山杨在我国东北大兴安岭、小兴安岭、长白山及黄河中下游地区均有生长,生于山地阳坡,常与白桦形成混交林。它最喜光,生长快。木质轻软,富有弹性,不耐水湿,常用在造纸、家具、建筑方面,萌条可编制筐篮;且具有一定的观赏价值。树皮可入药,有凉血解毒、清热止咳、驱虫等功效;外用治秃疮、疥癣、蛇咬伤等症。

●青杨

青杨别名家白杨,为落叶乔木,高达30米,胸径1米。树冠宽卵形。树皮灰绿色,平滑。枝叶均无毛。短枝的叶卵形、椭圆状卵形。花期4～5月,果熟期5～6月。生于山坡沟底或溪旁的杂木林中。分布于我国东北、华北、西北和西南各省区海拔 800～3200 米的沟谷、山麓、溪边,各地多栽培。喜光,喜温凉气候,耐严寒。适生于土层深厚肥沃、湿润、排水良好的沙壤土、河滩沙土。可作家具、建筑胶合板、箱板、火柴杆及造纸工业等用材。

●香杨

香杨为落叶乔木类,树冠广圆形,小枝及芽分泌黏性树脂,有香气,因而得名。生于沟谷、河边或溪旁,海拔 1300 米的温带针阔叶混交林区。阳性,喜温凉气候,耐水湿。用做庭荫树、风景林。木材轻软致密,供建筑及制作胶合板、火柴杆等用。

●小青杨

小青杨为落叶乔木,高达 20 米,树冠宽卵形;树皮淡灰绿色至灰白色,老时下部浅纵裂。幼枝绿色或淡褐绿色,具棱,无毛。叶菱状椭圆形,卵圆形或卵状披针形,先端渐尖或短渐尖,基部楔形、宽楔形或近圆形,边缘具波状腺齿;下面具白霜,两面均无毛。蒴果长椭圆形,先端渐尖,无毛。花期 4 月,果期 5～6 月。生于海拔 2300 米以下的山沟与河流两岸。分布于我国东北、内蒙古、河北、陕西、山西、甘肃、青海及四川。

●小叶杨

小叶杨别名南京白杨,为落叶乔木,高达 15 米,树冠长卵圆形,干皮幼时灰绿、光滑,老时暗灰、纵裂。小枝红褐或黄褐色,具棱,叶菱状椭圆形,先端短渐尖,基部楔形,缘具细纯锯齿,两面光滑无毛,叶表绿色,叶背苍绿色,叶脉和叶柄均带绿色,雌雄异株,雌雄花均为柔黄花序,蒴果无毛,种子小,有毛,先叶开放,花期 4 月,果熟 4 月。有变种菱叶小叶杨和塔形小叶杨。

小叶杨生于干旱山坡,海拔 1210 米,为暖温带树种。它喜光,喜湿,耐瘠薄,耐干旱,也较耐寒,适应性强,无论是山沟、河滩、平原、阶地,还是短期积水地带均可生长。生长迅速,萌芽力强,但寿命较短,一般 30 年即转入衰老阶段。可供建筑、器具、造纸、火柴杆及人造纤维等用材。

●古老的胡杨

胡杨又称胡桐、异叶杨。杨柳科杨属中的一种。胡杨是第三纪残余的古老树种，在6000多万年前就在地球上生存。在古地中海沿岸地区陆续出现，成为山地河谷小叶林的重要成分。在第四纪早、中期，胡杨逐渐演变成荒漠河岸林最主要的树种。据统计，世界上的胡杨绝大部分生长在中国，而中国90%以上的胡杨又生长在新疆的塔里木河流域。目前被誉为世界最古老、面积最大、保存最完整、最原始的胡杨林保护区则在轮台县境内。

胡杨属杨柳科落叶乔木。高8～30米，树皮龟裂，嫩枝有毛。叶变异大，幼树或萌条上，窄长如柳叶，10～15厘米，多全缘；在老树枝上，呈广卵形、菱形或心形，长6～10厘米，叶缘有粗齿。4月开花，雄花序长1.5～2.5厘米，雄蕊23～27个；雌花序长3～5厘米，柱头6裂，紫红色；果穗长6～10厘米。蒴果长椭圆形，长1.5厘米，2瓣裂，有短柄。胡杨耐旱，耐高温，也较耐寒；能从根部萌生幼苗，能忍受荒漠中干旱，对盐碱地有极强的忍耐力。胡杨的根可以扎到地下10米深处吸收水分，其细胞还有特殊的功能，不受碱水的伤害。胡杨是荒漠地区特有的珍贵森林资源。它对于稳定荒漠河流地带的生态平衡、防风固沙、调节绿洲气候和形成肥沃的森林土壤，具有十分重要的作用，是荒漠地区农牧业发展的天然屏障。胡杨对改造沙漠、防止风沙侵蚀以及改良小气候均有重要作用。被列为国家重点三级保护植物。

胡杨多生于水源附近和地下水位较高的荒漠。为西北河流两岸或靠近水源地的重要绿化造林树种。胡杨以树脂"胡桐泪"入药。在春天用刀将树皮割开，接取汁液，或在树皮裂开处，及树干基部土中，取其自然流出的树脂，有清热解毒、治酸止痛的功效。

柳树

民谚《九九歌》有"七九八九，沿河看柳"之说。柳树为落叶乔木，我国栽培柳树历史悠久。早在战国时代成书的《周礼》就有栽柳的记载。605年，隋炀帝下令开通济渠，堤的两岸尽栽垂柳，他还御笔书赐垂柳姓杨。自此，也有把垂柳叫做"垂杨"的。白居易的《隋堤柳》诗曰："大业年中炀天子，种柳成行傍流水。西至黄河东接淮，绿影一千五百里……"明代李时珍在《本草纲目》把柳树命名说得更有风趣："杨枝硬而扬起，故谓之杨，柳枝弱而垂流，故谓之柳。"柳树品种很多，常见栽培的有旱柳、垂杨柳、大叶柳及杞柳等。

●钻天柳

钻天柳又称顺河柳，杨柳科钻天柳属中的一种。落叶乔木，高可达30米，树皮不规则纵裂，灰棕色，小枝黄色或红色，无毛，其上有白粉。叶多披针形，长4～8厘米，宽1～2厘米，先端渐尖，基部楔形，叶缘的锯齿不明显或全缘，无毛，具白粉；叶柄长5～7毫米，亦具白粉。其花序轴无毛,苞片宽椭圆形,背面有长柔毛;雄花序有短总花梗。有4~5叶状苞片着生在基部,下垂,雄蕊有5枚;雌花序长1~2厘米,生于有叶的短枝上,子房上具有2枚离生、叉裂的柱头,无腺体;蒴果2瓣开裂,长约4毫米。

钻天柳在中国分布于黑龙江、吉林、辽宁、内蒙古自治区;朝鲜、日本、俄罗斯的西伯利亚也有。生于山区的沟渠边、沿河堤岸。其木材可供建筑、矿柱、车架、家具之用,其纤维可造纸,枝条可编筐,用于编水果筐和建筑工地上用的土石筐和做菜畦的栅篱等。

●垂柳

垂柳别名柳树、倒杨柳、垂丝柳,乔木,高达15米,树皮灰黑色,不规则纵裂;小枝细长,下垂。叶披针形或条状披针形,先端长渐尖,基部楔形,边缘有细锯齿,两面无毛或幼时微被毛;叶柄长约1厘米,有短柔毛。花序长1.5~4厘米,花序梗具3~4片小叶;苞片矩圆形或披针形,背面基部和边缘被长柔毛;雄花有雄蕊2个,基部稍被毛,具背、腹腺各1个;雌花仅具1腹腺体。蒴果长约4毫米。花期4月,果期5月。

垂柳产于长江流域及其以南各省平原地区,华北、东北有栽培。垂直分布在海拔1300米以下,是平原水边常见树种。垂柳喜光,在温暖湿润气候及潮湿深厚之酸性及中性土壤中生长良好。垂柳也比较耐寒,特耐水湿,在土层深厚的高燥地区也能生长。它萌芽力强,根系发达,生长迅速,15年生树高达13米,但寿命较短,树干易老化,30年后渐趋衰老。

垂柳枝条细长,柔软下垂,随风飘舞,姿态优美潇洒,常常受到人们的赞赏。在河岸及湖池边种植,柔条依依拂水,别有风致,唐代诗人贺知章有《咏柳》:

碧玉妆成一树高,万条垂下绿丝绦。

不知细叶谁裁出,二月春风似剪刀。

自古以来,垂柳就是重要的庭园观赏树。亦可用做行道树、庭荫树、固岸护堤树及平原造林树种。垂柳的枝(柳枝)、叶(柳叶)及根(柳根)都可入药,其性味苦,性寒。有祛风除湿,利水通淋,清热解毒的功用。

●旱柳

旱柳别名河柳、山杨柳、江麻。落叶乔木,高达十余米;树皮深灰至暗灰黑色,不规则浅纵裂;枝斜上,大枝绿色,小枝黄绿色。叶披针形或条状披针形,先端长渐尖,基部窄圆或楔形,边缘具细锯齿,两面无毛。雄蕊2个,花丝分离,基部有长柔毛,腺体2个。雌花腺体2个。花期4月,果熟期4～5月。

旱柳在河流两岸及山谷、沟边、河滩、河谷、低湿地都能生长成林。旱柳喜光,较耐寒,耐干旱,稍耐盐碱。在湿润排水、通气良好的沙壤土上生长最好,但在黏土或长期积水的低湿地上,容易烂根,引起枯梢,甚至死亡,对病虫害及大气污染的抗性较强。萌芽力强,根系发达,扎根较深,具内生菌根。在湿润肥沃河流冲积土壤上生长快,11年生树高16米,生长快。旱柳还是有名的长寿树种,寿命长达400年以上。分布于内蒙古各地,我国东北、华北、西北、华东、华中也有栽培。

旱柳那柔软嫩绿的枝条、丰满的树冠及稍加修剪的树姿,非常美观,是我国北方常用的庭荫树、行道树。河湖岸边、公路边都可见到它的身影,也可用做防护林及沙荒造林,农村"四旁"绿化等。旱柳树形美,容易繁殖,深为人们喜爱。旱柳的枝、叶及树皮入中药,其性味苦,性寒。有散风,清热除湿,消肿止痛的功用。

●小红柳

小红柳别名乌柳、良马,灌木,高1～2米。小枝细长,灰褐色,先端稍下垂,幼时被绢毛,后渐脱落;叶条形或条状披针形,先端渐尖,基部楔形,叶柄短,无托叶。雄花具2个完全合生的雄蕊;雌蕊的子房卵圆锥形,无毛。蒴果长3～4毫米,无毛。花期5月,果期6月。

小红柳生于沙丘间低地及沙区河流两岸,分布于我国的辽宁、内蒙古、宁夏、青海、新疆等省区;喜光,耐湿、耐寒、抗沙埋。喜生于沙漠地区的河边、沙丘间的低湿地。其嫩枝叶是山羊、绵羊、骆驼、牛非常喜欢的食物;各种牲畜均喜食其干枝叶,营养价值较高,有催肥增膘作用。可做冬季贮草。根及须根入中药,树皮入蒙药。有清热泻火,顺气的效用。

●皂柳

皂柳别名山柳、毛狗条、山杨柳。灌木或小乔木。枝褐色、紫褐色或黄褐色,幼时被毛,后脱落无毛。叶披针形、倒卵状矩圆形或矩圆状披针形,先端尖或渐尖,基部楔形或钝圆,全缘或具稀疏锯齿;下面有白霜,两面无毛或有柔毛;苞片长椭圆形,全缘,被柔毛;雄花序长2～4厘米,雄蕊2个,离生;雌花序长2～4厘米,子房狭圆锥形,被毛。蒴果长约9毫米,无柄,疏生柔毛。花期4～5月,果期5～6月。

皂柳多生于山野荒坡,分布于我国华北、陕西、河南、湖南、湖北、西南等地;印度、不丹、尼泊尔、阿富汗有分布。根可入药,性味辛、酸、涩,性微寒。有祛风,解热,除湿的功效。

●乌柳

乌柳为落叶灌木或小乔木,高可达4米。枝细长,幼时被绢毛,后脱落,一二年生枝紫红色或紫褐色,有光泽。叶条形或条状披针形。生于湿地、山坡林缘或低山丘陵,分布于我国内蒙古、河北、山西、陕西、甘肃、青海、西藏、四川、云南。可用于水土保持植物;可作薪炭材;树皮、嫩枝叶可入药,主治麻疹初起、斑疹不透、皮肤瘙痒、慢性风湿等症。

●崖柳

崖柳为灌木,稀小乔木,高4～6米。小枝较粗,幼枝有白柔毛,老枝无毛,苞片卵状长椭圆形,褐色,一般有花序梗,花较稀疏,蒴果卵状圆锥形,有绢毛。花期5月初,果期5月底至6月初。生于湿地、山坡林缘或低山丘陵。分布于我国黑龙江、内蒙古、吉林、河北、山西等省;朝鲜和俄罗斯(东部西伯利亚远东地区)也有分布。枝条可供编织,叶可做饲料,亦为薪炭材及蜜源树种。

●黄柳

黄柳别名小黄,多年生灌木。高1~3米。老枝黄白色,有光泽;嫩枝黄褐色。叶条形或条状披针形。其性耐寒、耐热、抗风沙、易繁殖、生长快、耐沙埋。喜光。喜生于草原地带地下水位较高的固定沙丘、半固定沙丘。生于草原沙地或沙丘间低地,分布于我国的辽宁、吉林、宁夏和内蒙古等省区。黄柳的幼嫩枝叶是山羊和骆驼喜爱的食物。它还是良好的固沙树种;枝条细软,可供编织。

●杞柳

杞柳为落叶丛生多年生灌木。高达3米。树皮灰绿色;小枝淡黄色或淡红色。叶对生或近对生,萌枝叶有时3叶轮生;椭圆状长圆形,苞片倒卵形,黑褐色,柱头2~4裂。蒴果长2~3毫米,有毛。花期4月;果期4~5月。生于山地溪流旁及沟底湿地,河流两岸或水沟旁。杞柳喜光照,属阳性树种。光照不足,生长不好。是良好的编织材料;固岸护堤树种。杞柳的主要品种有大白皮、红皮柳和青皮柳等。

●越橘柳

越橘柳为灌木,高达3~8米,树皮灰色;一年生萌发枝黄色或赤褐色,无毛,幼枝无毛或有疏短柔毛;芽卵圆形,先端钝,无毛。叶椭圆形或长椭圆形,叶柄短,花序与叶同时开放;花期5月,果期6月。其阳性,极耐水湿,生于林区湿地或沼泽地。分布于黑龙江大、小兴安岭、完达山、张广才岭等山区,吉林、辽宁;朝鲜、蒙古、俄罗斯、欧洲也有分布。嫩叶可为家畜饲料。

●五蕊柳

五蕊柳为灌木或小乔木,高1~5米,树皮灰色或灰褐色,一年生枝褐绿色,灰绿色或灰棕色,无毛,有光泽,芽卵形或披针形,披针状长圆,发黏。叶革质,宽披针形、卵状长圆形或椭圆状披针形。蒴果卵状圆锥形,有短柄,无毛,有光泽。花期6月;果期8月。生于河岸水旁、河滩地、积水草甸或湿润山坡。分布于黑龙江省大兴安岭、小兴安岭、其他山地也有零星分布。木材可做农具;枝条供编织;叶含丰富的蛋白质,可作野生动物饲料;为晚期蜜源植物;花色金黄,叶色亮绿,可栽培供观赏。

● **大黄柳**

大黄柳为灌木小乔木。枝粗壮,绿色、暗红色或红褐色,嫩枝有灰色长柔毛;芽大,急尖,暗褐色,有毛或仅腹面有毛。花先于叶开放,雄花序椭圆形或近球形,雄蕊 2 个,花丝细长,花药长圆形,黄色,苞片卵状椭圆形,渐尖,近黑色或仅上部黑色,蒴果 1 厘米。花期 4 月中旬,果期 5 月上、中旬。生于山坡林缘或与山杨、桦木混生。分布于我国黑龙江、吉林、内蒙古(东部,大兴安岭地区)等省区;俄罗斯(远东地区)、朝鲜也有分布。可用做薪炭材;也是早春蜜源树种。

● **粉枝柳**

粉枝柳为乔木,高达 15 米。树冠塔形或圆形,树皮灰褐色,幼时灰绿色;小枝红褐色,无毛,两年生枝常有白粉;芽无毛。花期 5 月,果期 6 月。生于溪流或河流两岸,山坡林缘或沟边。分布于我国黑龙江、吉林、河北等省,朝鲜、日本、俄罗斯也有分布。其木材可用做家具、建筑、造纸、火柴杆等用;枝条供编织;也可护岸、观赏,又为早春蜜源树种。

● **细叶沼柳**

细叶沼柳为灌木,高达 0.5～1 米,树皮褐色,小枝纤细,褐色或带黄色,无毛,幼枝有长柔毛或白绒毛,芽卵形,钝头,微赤褐色,初生时有短柔毛或白绒毛,后无毛。叶线状披针形或披针形,柄较长,花柱短。花期 5 月,果期 6 月。生于山坡、溪旁或草甸,喜光,耐水湿,又能适应湿沙地生长,分布于黑龙江省大、小兴安岭、完达山、张广才岭等山区,分布于我国吉林、辽宁、内蒙、新疆等省区;蒙古、俄罗斯两伯利亚及中亚地区、欧洲也有分布。其枝条可供编织;嫩枝、叶可为牛羊饲料;也是固沙护岸树种、蜜源树种。

●中国黄花柳

中国黄花柳属于杨柳科柳属小乔木;小枝红褐色,幼枝有绒毛,后光滑。叶片全缘,背面白色,萌发枝条上的叶片较大,背面有绒毛。蒴果线状圆锥形。花期4月,果期5月。生于山谷溪旁、山坡林缘,常与山杨、桦小混生。它奇特美观,早春花絮鲜黄色,非常适合观赏,可做行道树或做背景材料。其木材供家具、农具、造纸等用;茎纤维为人造棉原料;树可以保持水土,又为蜜源树种。

●卷边柳

卷边柳为灌木或乔木,高达6米。树皮绿灰色,小枝细长,黄绿色或灰绿色,或稍带红色。花期5月初,果期5月底。生于山谷、溪流、河流两岸或林缘湿地。分布于我国黑龙江、吉林、内蒙古(东部)等省区;朝鲜、俄罗斯也有分布。其木材供民用建筑用材;可做薪炭材;枝条供编织;水土保持及蜜源植物。

●谷柳

谷柳为灌木或小乔木,高3～5米。树皮暗褐色,小枝无毛,栗褐色。花期4月下旬,果期5月下旬或6月初。生于山谷或林缘。分布于我国黑龙江、吉林、内蒙古、山西、新疆等省区;朝鲜、俄罗斯(东部)也有分布。可用做薪炭材;水土保持及蜜源树种。

●蒿柳

蒿柳为灌木或小乔木,高可达10米。树皮灰绿色;枝无毛或有短柔毛,幼枝有灰色短柔毛;芽卵状长圆形,紧贴枝上,带黄色或微赤褐色。托叶狭披针形,长渐尖,有齿,具脱落性,在萌枝上更明显;花期4～5月,果期5～6月。生于山沟路旁或杂木林中,海拔1210米,分布于我国黑龙江、吉林、内蒙古(东部)、河北等省区;朝鲜、日本、俄罗斯及其他欧洲国家也有分布。其枝条用于编织,花为蜜源,树皮可提取栲胶。

蚬木

在我国广西壮族自治区西南部,生长着一种奇怪的树,根的中心偏在一边,年轮一边宽一边窄,外形很像蚬壳上的纹理,因此人们给它起了"蚬木"的名字。蚬木的根为什么会出现像蚬壳上的纹理呢?原来蚬木生长在石灰岩缝中,受岩块的限制,根不能正常发育,就变成这种奇怪的样子。蚬木为椴树科常绿大乔木,最高可达50多米。除花序和花萼外,全树光滑无毛,叶呈宽卵形或卵形,革质,叶柄比较长。蚬木的花为单性花,雄花白色,雌花退化。

●蚬木的实用价值

蚬木是世界名木,人们把蚬木誉为钢铁树,是因为它像钢一样坚硬,刀砍不入,钉子钉不进,放在水里马上下沉,就是木屑也像沙子一样,入水就沉。耐腐性极强,可经数百年而不朽,为船舶、车辆、高级家具及特种建筑的优质用材。广泛用于重工业、国防工业和航海工业。蚬木是大自然奉献给人们的宝贵资源,目前数量不多,分布仅限于广西西南地区以及云南东南一带,已列入国家二级保护植物。

●最大的蚬木

我国最大的蚬木生长在广西西南部,树龄约1300年,经测定,其树高达53米,胸径3.24米,地径5.32米,立木材积为70立方米,树冠覆盖面积近3亩。它的板根发达,长3～4米,最长的板根长7米多。这株古蚬木的下部已空心,树洞中可容纳数人,但它仍干枝参天,枝繁叶茂,生机盎然,1000多年来,这株古蚬木饱经沧桑风雨,岿然不动,成为当地的一大景观。

"美人松"(长白赤松)

到过长白山的人,无不为那天池瀑布、浩瀚林海所倾倒,更为那无与

伦比的美人松所叹服。美人松！多么诱人、动听的名字，当你还未见到它的尊容时，就会产生无数的遐想。

名如其"松"，美人松的美丽和风采是其他松树所望尘莫及的，美人松的树干通直、挺拔，扶摇而上、高耸云天，显得雄壮、伟岸；它的树冠针叶密集成团、花翠欲滴，宛如美人的一头秀发。美人松的树身更是与众不同，下部棕红，上部棕黄，树皮成薄片状微剥离，显得古朴、典雅、端庄而又妩媚。在长白山自然保护区管理局的东北方，就有一片不小的美人松树林，树高都在二三十米以上，成为长白山旅游胜地的一道别具特色的风景线。

● **美人松的身世**

美人松的真正名字应该叫长白赤松。原来，这种松树在长白山发现得比较晚，人们不知道它到底是松树里哪个家庭的成员。为了弄清它的身世，植物学家们进行了深入细致的研究，动了不少脑筋，还展开了热烈的争论。后来，经中国林业科学院院长郑万钧教授鉴定，认为它是欧洲赤松的一个变种，并且定名为"长白赤松"，至此，这场争论才告结束。美人松是人们对它的一种爱称。

●美人松的生存地域

美人松是长白山特产树种。自然生长的美人松，主要分布于针阔混交林中，在长白山二道白河两岸的条形地带至火山锥体附近，有少量分布，因而显得更加珍贵，备受人们的珍爱和保护。美人松虽说天姿国色，形态脱俗超群，但却丝毫没有"美人"那种弱不禁风的娇气，在火山灰形成的瘠薄土地上，它能茁壮成长，抵抗病虫害的能力也较强。有人把它的后代迁移到吉林省西部轻度盐碱地带，开始人们还担心它适应不了那里的严酷环境，结果却出人意料，它在那里扎根落户，已顺利地度过了数个春秋。

●美人松的生存现状

美人松不仅是闻名遐迩的观赏树木，而且是优良的建筑用材，材质好，易加工，耐腐蚀，不扭不裂。它又是一种很有价值的药用植物，花粉、茎干皆可入药。美人松分布地域狭窄，数量不多，现已列入国家三级保护植物，所以我们现在对它应大力加以保护，让它茁壮成长。

红松

红松又名果松、海松、五针松，是第三纪孑遗的针叶树种之一，我国东北东部的广大山区是红松繁衍的故乡。红松是松科的常绿大乔木，它树冠茂密、葱绿，树干高大、圆满、通直，外貌雄伟壮丽、苍劲挺拔。树高可达 40 米，胸径可达 2 米，寿命达 500 年。红松长成林时不仅能保持水土、调节气候、改善生态环境，而且红松全身都对人类有着广泛的用途，在树木的大千世界中，被誉为"北国宝树"，受到了人类的推崇和赞扬。红松高大挺拔，四季常青，还可作园林绿化树种和山野风景林木。

●红松的材质

红松的躯干，质地轻软、细致，力学强度适中，纹理通直，结构良好，具有不翘不裂、耐腐蚀、耐水湿、弹性好等特点，非常易于加工。不仅可供大型建筑做栋梁,也可用于家具、造船、航空器材、枕木、电杆、车辆、乐器和运动器材等。

红松的枝、根、皮虽不如躯干那样整齐美观,但经过处理加工,却能制成用途广泛的刨花板、纤维板、细木工板等产品。用水泥拌和压制而成的水泥木丝板,具有防湿、防水等性能,是建筑行业的理想材料,纤维板质轻、耐用、隔热、绝缘,人们常用它和别的材料配合,制作出各式的高级家具。

● **红松的广泛用途**

红松在采伐和制材过程中所产生的许多剩余物也具有很高的利用价值。制材中产生的锯屑是生产活性炭的良好原料,用其制成的纸浆,质地坚韧,在造纸工业中占有重要地位;红松的伐根可以提炼十几种工业用油;红松的树脂可提炼松香和松节油,是医药、轻工业不可缺少的材料。红松的针叶可以提炼松针油,它是一种很有用的化工原料,可以制作香料、化妆品和润滑油。针叶晒干磨成粉,可做饲料。针叶还能药用,民间曾有以红松针叶与红糖熬制成药、以黄酒作引子治疗风湿性关节炎,疗效显著。红松的花粉可入药,有润心肺、益气、除风、止血的功效。树皮还可提制栲胶。

● **红松的种子**

红松的种子——松子,是人们喜食称道的美味食品。松子含有69.2%的油脂,16%的蛋白质和丰富的钙、磷、铁等元素,具有很高的营养价值。不仅是滋补佳品,而且是制作糕点食品的高级配料。用松子榨出的松子油可以食用,又是干漆和皮革工业的重要原料。种皮可以制成褐色染料和活性炭。球果的鳞片还可以提炼芳香油。

白松

白松别名红皮臭、红皮云杉。常绿乔木,高达35米,树皮灰褐色,呈不规则长薄片状脱落。一年生枝淡红褐色,有光泽;两年或三年生枝淡红褐色;冬芽圆锥形,红褐色,芽鳞常开展;小枝基部宿存芽鳞先端常反曲。叶四棱状锥形,先端急尖,较细。球果卵状圆柱形,成熟前绿色,成熟时褐色;种鳞倒卵形,鳞背露出部分平滑,微光泽;种子倒卵形,顶部有长翅。花期5~6月,果期9~10月。

● **白松的生长习性**

白松是我国东北长白山至小兴安岭森林的主要树种。生于山地河谷低湿地、河边、溪旁及平缓山坡下部。具有耐阴,耐干旱,耐寒,生长较快的特点,大树在春季可以移植,为景观林。分布于我国东北、内蒙古,朝鲜,俄罗斯。其树皮、枝及叶可以入药。可以治疗风湿痹痛和关节不利。

油松

油松别名油松节、松郎头、若恩兴。常绿乔木,高达25米;树皮灰褐色,裂片鳞片状不规则较厚,裂缝红褐色。一年生枝较粗,淡灰黄色或淡红褐色,幼时微被白粉;冬芽圆柱形,顶端尖,红褐色,芽鳞边缘有丝状缺裂。针叶2针一束,不扭曲,边缘有细锯齿,两面有气孔线;叶鞘淡褐色,宿存,有环纹。球果圆卵形,绿色,成熟时灰褐色,留存树上数年不落;种鳞木质、厚、宿存,上部鳞盾扁菱形,横脊显著,鳞脐有刺,不脱落;种子褐色,卵圆形。花期5月,果期次年9~10月。

● **油松的生长习性**

油松为阳性树种,根深,喜光、抗瘠薄、抗风,特别耐高寒,它那挺拔苍劲的树干,四季常青,不畏风雪严寒,在25℃时仍可正常生长。在我国泰山海拔1400米处生长着一种著名的景观树,称做"望人松",那就是油松,虽然终日风吹雾漫,但始终生长良好。但怕水涝、盐碱,在重钙质的土壤上生长不良。油松多生于海拔800~1500米山地阴坡和半阴坡。在燕山北部、阴山、阴南丘陵、鄂尔多斯、贺兰山都可以看到油松的身影。我国辽宁、河北、山东、河南、山西、宁夏、甘肃、青海、四川都有分布。油松的结节（松节）、叶（松叶）、球果（松球）、花粉（松花粉）及树脂还是珍贵的中药材呢。

白皮松

白皮松为常绿针叶乔木，可高达 30 米，幼树干皮灰绿色，光滑，大树干皮呈不规则片状脱落，形成白褐相间的斑鳞状，极其美观。冬芽红褐色，小枝灰绿色，无毛，叶三针一束，叶鞘早落，针叶短而粗硬，针叶横切面呈三角形，叶背有气孔线，雌雄同株异花。球果圆卵形，种鳞边缘肥厚，鳞盾近菱形，横脊显著，鳞脐平，脐上具三角形刺状短尖，种子卵圆形，有膜质短翅，花期 4～5 月，果次年成熟。

●白皮松的生长习性

白皮松一般生长在海拔 500～1000 米的山地石灰岩形成的土壤中，但在气候冷凉的酸性石山上或黄土上也能生长。对 30℃的干冷气候，pH 7.5～8 的土壤仍能适应。它喜光、耐旱、耐干燥瘠薄、抗寒力强。在深厚肥沃、向阳温暖、排水良好的地方生长最为茂盛。在我国的山西、河北等广大地区都可以见到。其木材纹理直，轻软，加工后有光泽和花纹，供细木工用。其球果还可以入药，有祛痰、止咳、平喘的功效。

●世界瞩目的白皮松

白皮松，别名白骨松、三针松、白果松、虎皮松、蟠龙松、蛇皮松，是我国特有树种之一。是东亚唯一的三叶松，我国古代尚多，是一种常绿乔木，树形多姿，苍翠挺拔，别具特色。其干皮斑驳美观，针叶短粗亮丽，是一个不错的历史园林绿化传统树种，又是一个适应范围广泛、能在钙质土壤和轻度盐碱地生长良好的常绿针叶树种。近年白皮松已引种美国，世界瞩目。

偃松

偃松又叫马尾松、五针松、矮松，长白山又称爬地松。它是大兴安岭高山或亚高山地带岩石缝匍匐而散生的一种常绿灌木。树干蜿蜒长约10米，叶五针一束，淡黄色，紫红色的球形花蕊相映生辉，两性同株，树干常伏卧状，先端斜上，裂片脱裂。一年生枝褐色，密被淡褐色柔毛；冬芽红褐色，圆锥状卵形，成熟后淡紫褐色。种子三角状倒卵圆形，不脱落，暗褐色，无翅，花期6～7月，果期次年9月。

●偃松的生长习性

偃松在长白山区海拔1200米以上的山脊或山顶有少量分布，生长于阴湿山坡。分布于我国东北的大小兴安岭地区，其他地区少有分布。蒙古、朝鲜、俄罗斯、日本有分布。偃松是观赏价值很高的树种，可做盆景，很是名贵。它的花粉、叶、果、种子可以入药，有润肺止咳、滑肠等效用。

●北疆的偃松

在北疆，在原始森林和冻土带的交接处，在矮生的白桦林间和挂满意外硕大的、浅黄多汁浆果的低矮的花椒果丛中，在成活600年之久的、成材已达300年的落叶松林中，有一种特别的树——偃松，它是雪松的远亲。偃松林是常青的针叶灌木，人手臂粗的树干，两三米高。它极为平易，用根抓住山坡上的石缝生长。它像北方所有的树木一样英勇、执拗。它的触觉也非同一般。它在无涯的皑皑白雪之中，在无望之中，兀然立起，比闻名遐迩的垂柳、法国梧桐和柏树更强。

青檀树

你能把光洁如玉、细致绵软的宣纸与皱裂、粗糙的榆树皮联系在一块吗？一般人都不会想到，身价高贵的宣纸恰恰是用一种榆树皮做原料生产的。这就是榆科中的青檀树，其外表相比于榆科中的其他榆树并没有什么奇特之处,然而青檀皮却与众不同,当青檀树长到一定年龄时,树皮就会自然开裂,成片状脱落。据说宣纸的一切优点和特点都是由青檀树皮决定的。宣纸的最大特点是纹理纯净、墨韵清晰、搓折无损、不蛀不腐、纸寿千年。用任何其他树皮做原料,都造不出真正的宣纸。

● **宣纸与青檀树的传说**

据说宣纸的发明还有一段感人的故事。传说古代有一个造纸的工匠名叫孔丹,孔丹非常崇敬他的老师,老师去世时留给他的唯一纪念品就是一幅画像。孔丹把画像挂在家里,每天都瞻仰几次。可是没过多久,这幅画像便由白变黄,陈旧不堪。孔丹心里十分难受,决心研制出一种抗老化、不变色的纸为老师传像。一天,孔丹来到安徽宣州府一带,偶然发现倒在山沟里的青檀树,树皮腐烂以后变成白色,这使他极为兴奋。于是他就在这里安家落户,开始了用青檀树皮造纸的试验,经过无数次失败,最后终于造出了致密细薄、洁白均匀、坚韧耐久的宣纸。

● **青檀树的广泛应用**

青檀又名檀皮、翼朴、青藤,是一种落叶乔木,为我国特产树种。树高可达 20 米,胸径 60 厘米,主要分布在安徽省。青檀不仅树皮能作为制造宣纸的原料,其余部分也都是宝。青檀叶和种子能作猪、羊饲料,细枝可以用来编筐织篓,树杈还可做农用杈齿。青檀的材干不圆,凹凸不平,但材质细密而坚硬,纹理直,可用于柁、檩、家具、车轴、小农具、绘图板、砧板、细木加工及各种木柄等。青檀既是久负盛名的特种经济树种,又是崭露头角的水源涵养林树种,还是用途广泛的用材树种。

软木树

软木树又叫"栓皮栎",它的脾气特别,所有的树木都怕剥皮,剥了皮就非死不可,而软木树却恰恰相反,剥了皮非但不死,还越长越好。当地人把软木树皮剥光后露出橙黄色的内层。人们还在树干上写上一个"8"

"9"的阿拉伯数字,这是提醒人们要隔八、九年后,才可再进行剥皮。软木树虽然剥皮不死,但小时候不能剥皮,必须等到它长到25岁时,才能剥皮。软木这种树不是整株都是软木。只有小栓层即树干的最外边才是软木。最里边是小质部,中间层是软木的再生组织。

●"软木王国"

软木树主要分布在欧洲的葡萄牙,那里靠近地中海,气候适宜,冬暖夏凉,雨量充沛,土地湿润,正适合软木树的生长。葡萄牙人特别喜爱这种树,精心加以培植,使它不断茁壮成长。葡萄牙盛产软木,软木给这个国家带来了一笔笔财富,所以葡萄牙素有"软木王国"之称。

●软木的特点

软木在加工之前要在露天条件下,经过半年的风吹、日晒、雨淋,然后放在100℃的沸水中蒸煮,历时1小时15分钟。目的是除去软木中的盐分、丹宁酸和胶质,消除害虫和细菌。蒸煮后还要在室内堆放3周,使其晾干压平,才可以进行加工。软木经过加工可制成大大小小、五花八门的瓶塞,销往全世界各地。有的瓶塞还烫上五彩图案,使其变成美观的工艺品。据说用这种瓶塞盖的酒瓶,藏在地窖里,上百年仍香醇不变。

●软木的广泛用途

软木不透气,不透水,不传热,不导电,又能耐压耐酸,所以软木在工农业生产、国防、科研、医药、文化教育、人民生活中大显身手。舰艇用软木做救生设备,宇宙飞船用软木做绝缘材料。羽毛球座、乐器垫片、高跟鞋、帽衬、怀垫、棋盘、笔架、笔筒、扑克、电话记录册等家庭杂用品也离不开软木。软木做地板,脚感舒适,踩踏没声响。做屋壁冬暖夏凉,所以成为高级宾馆、图书阅览室、大医院、会议室、剧院等的建筑材料。

椴树

每到6月,长白山椴树开花时节,当地和江浙一带的养蜂人,带着蜂箱、帐篷陆续来到长白山中,在公路两侧安营扎寨。这时正是采椴树蜜的黄金季节,那一排排的蜂箱和养蜂人燃起的袅袅炊烟,在这绿色的海洋中成了一道亮丽的风景。

长白山的椴树有糠椴和紫椴两种。均为落叶乔木,高可达 20 余米。树皮暗灰色或白色。单叶互生,叶片卵圆形。聚伞花序下垂着生很多小花,花淡黄色,有香气,蜜腺着生在萼片里面的基部。这两种椴树有其共同点,也有其不同点:糠椴幼枝、芽、叶、花序、果实均被覆灰白色星状毛或茸毛,叶、果实均较紫椴大;紫椴仅在叶背面脉腋处簇生有褐色毛,果实具褐色毛,叶、果实比糠椴小。

●椴树的生长习性

椴树常与槭树、桦树混生在一起,形成阔叶林,或与针叶树组成针阔混交林。它是一种耐寒、喜光的树种,宜凉爽而湿润的气候条件,在疏松、湿润、肥沃、深厚的微酸性或微石灰性的排水良好的土壤上生长良好。椴树一般生长到 15 年才开始开花,80～100 年开花最旺盛。开花盛期,从树的顶部至下部,淡黄白色的花如点点繁星着满全株。

●椴树花的流蜜

椴树花在含苞待放前的一个月左右,最好要有适当的雨水滋润,开放时花才娇嫩鲜艳,流蜜旺盛。椴树蜜颜色洁白,气味芬芳,具有很高的营养价值。经测定,椴树蜜含 35.26％的葡萄糖,37.03％的果糖,1.80％的蔗糖,0.29％的粗蛋白以及各种无机盐、有机酸、维生素和酶等。用水冲泡后洁白而稍带黄绿色,清澈而不浑,一股清香的水果味扑鼻而来,饮之,甘甜可口,沁人肺腑。在国内和国际市场上素负盛誉。

●椴树的广泛用途

椴树不仅是流蜜多、蜜质好的著名蜜源植物,而且它的树皮纤维经处理后还可编织麻袋、造纸和制人造棉;木材轻软、细致,纹理美观,有光泽,可供建筑、家具、雕刻、火柴杆、铅笔、乐器等用,尤其是生产胶合板的上好材料；花阴干后可入药，能发汗、镇静、解热；种子可榨油；嫩茎叶可喂猪，干叶可做羊的冬季饲料；椴树树姿美丽、雄伟，可引作行道树或庭园观赏，用途十分广泛。

椿树

椿主要是指臭椿树，它是苦木科的落叶乔木，叶为大型羽状复叶，有臭味。臭椿是长江以北地区的速生树种，它不择土壤，耐碱耐旱，抗寒暑，适宜作城市工矿区的绿化树种和荒山造林树种。臭椿的木材坚韧而有弹性，纹理直而明显，易加工，耐水湿，耐腐蚀，适宜做家具、农具、建筑用材；木纤维较长，是良好的造纸原料。其种子含半干性油 20%～35%。可食用或制肥皂。树皮、根皮、种子均可入药，具有清热、收敛、止痢之效；叶可喂养椿蚕，经水煮后也可食用。

榆树

榆树的木材材质坚硬富有弹性，可供建筑车辆、家具、器具、机械、板箱等用材。利用加工剩余物可做木丝板、碎木刨花板、纤维板、细木工板等。榆树的树皮纤维强韧，可做造纸原料。枝皮纤维可供纺织或打绳用；枝条皮坚韧，适于编织；树皮含单宁，可提取栲胶；根皮、树皮、叶及果实均可入药，具有利水、安神、解毒、消肿的功能。嫩叶、嫩翅果可食用。

●大果榆

大果榆别名黄榆、山榆、毛榆，落叶乔木或灌木，高可达 10 米。树皮灰褐色，浅纵裂；小枝棕褐色，被疏毛，两侧常具木栓质翅。单叶，互生，叶片革质，粗糙，倒卵形或宽倒卵形。花 5～9 朵簇于去年枝上或当年枝基部，花被钟状，种子位于翅果中部。花期 4 月，果期 5～6 月。生于山坡、山麓、沟谷砾石地。分布于我国东北、华北、西北及华东等地区；朝鲜、俄罗斯及蒙古有分布。

●家榆

家榆别名榆树、白榆,乔木,高达 20 米,树皮粗糙,暗灰色,不规则纵裂;小枝细长,黄褐色或灰褐色,光滑或具柔毛。单叶互生;叶片椭圆状卵形或椭圆状披针形。花两性,先叶开放,簇生于去年枝上,花萼 4 裂,紫红色;雄蕊 4 个,花药紫色;雌蕊由 2 心皮合生,扁平,柱头 2 裂。翅果近圆形或卵圆形,先端凹缺。种子位于翅果中部或稍偏上。花期 4 月,果熟期 5 月。

家榆生于森林、草原地带的山地、沟谷及固定沙地。分布于内蒙古各地及东北、华北、西北、华东、华中等地。根皮、树皮(榆白皮)、叶(榆叶)及果实(榆钱)入中药。中药榆白皮、榆叶,其味甘,性平。榆白皮有利水,安神,解毒,消肿的功用。榆叶有利尿,止咳祛痰,润肠的功用。榆钱,其味微辛,性平,可以安神健脾。

槐树

槐树是一种豆科乔木,幼树树皮绿色,老时树皮变为灰黑色,上面有块状深裂。叶为羽状复叶,小叶的前端是尖形的,花似蝶形,淡黄白色或淡绿色,花期很长,从盛夏至凉秋,开花不断,盛开时,夹路飞黄,落英缤纷。唐代大诗人白居易对盛开的槐花有过深入的观察,他在诗中写道:"槐花满田地,仅绝人行迹";"薄暮宅门前,槐花深一寸"。古代人们就非常喜爱它。把它作为行道树,植于大道两旁。唐代诗人罗邺就留有"古道槐花满树开"的诗句。韩愈也有"夹道疏槐出老根"的诗句。李涛在诗中写道:"落日长安道,秋槐满地花。"这些都记述了古代槐树作为行道树的盛况。

●"长寿树"

槐树是有名的长寿树,其寿命之长并不在银杏、松、柏之下。河北省涉县故新村有一古槐,胸围达 14.4 米,主干直径达 4.5 米。树下有碑文记载秦兵攻赵曾在树下歇马,说明它至今少说也有2300多岁。河南陕县观音堂有古槐一株,主干直径3米,树龄高达2000多岁,据说唐初名将尉迟敬德带兵路过观音堂时,曾勒马观槐,此事至今仍在当地流传。山西洪洞县广济寺有一棵老槐树,相传为汉代所植。这种古槐在山西全省有400多株。

●槐树的实用价值

槐树的木质坚硬,为优质的建筑材料。槐叶可食,可以救荒,槐花既是一种中药材,又是黄色的染料。槐树花谢后,在十月结成念珠状的槐豆角,其果皮中含有葡萄糖,可以提制饴糖;果皮中还含有"路丁",具有降血压之功效。种子里还含有丰富的蛋白质、淀粉和少量的脂肪,是制造酱油和酿酒的原料。

●龙爪槐

龙爪槐为落叶乔木,槐树的一个变种。龙爪槐小枝柔软下垂,树冠如伞,状态优美,枝条构成盘状,上部蟠曲如龙,老树奇特苍古。树势较弱,主侧枝差异性不明显,大枝弯曲扭转,小枝下垂,冠层可达50～70厘米厚,是名贵的风景树。它的树冠从树干顶端往四下蓬松下垂,像少女的一头秀发,婀娜多姿,把大自然装扮得更加多姿多彩。

杉 木

杉木是我国江南特产的最重要用材树种之一,其地位就像红松在东北一样。因此,有"北松南杉"之说。杉木又称"沙木""刺杉",是杉科常绿乔木。其树皮外表褐色,里面红色,常裂成条片状脱落,叶线形,常弯曲成镰刀状,坚硬如皮革,暗绿而有光泽。杉木喜欢温暖湿润的气候,怕风又怕旱。杉木的寿命很长,可达500年以上。

●"除了杉木不算材"

杉木的木材纹理顺直,结构均匀,不翘不裂,因含"杉脑",气味芳香,能防腐、耐水、抗虫,被古人用为棺木的上等用材,多用于建筑、家具、桥梁、舟船,我国历代帝王在营造宫殿楼宇时,都要大肆采伐杉木作其栋梁。所以在江南一带又有"除了杉木不算材"的说法。

●"万能之木"

杉木原产我国,在我国南方分布极广,从秦岭淮河以南以至青藏高原,几乎到处都有它的踪迹。由于它的树干高大笔直,非常适宜作园林观赏树木。此外,杉木的树皮可提纤维,又富含单宁,是制取栲胶的原料。杉木的根、枝、果、叶均可入药,可治心腹胀痛、漆疮;取老树皮烧成灰,调入鸡蛋清,可治重疮出血及烫灼伤;杉叶和种子泡酒可治风虫牙痛和气痛。杉木种子可榨油,供制肥皂等用,杉木又是造纸及多种工艺品的良材。有人曾把杉木誉为"万能之木"。

泡桐

泡桐是玄参科的落叶大乔木,原产我国,栽培历史久远,有紫花泡桐、白花泡桐、楸叶泡桐、兰考泡桐、四川泡桐等十几个种类,分布在北起辽宁、南到台湾以至海南岛的广大范围内,其中尤以河南、河北、山东、山西生长最佳。不少优良品种还远涉重洋,传至欧美和大洋洲。泡桐树高大通直,树冠庞大,树态优美,并对二氧化硫、氯气、硫化氢、氟化氢、硝酸雾等有毒气体有较强的抗性,且耐干旱,耐风沙,是环境绿化和营造速生林的重要树种,所以有人将泡桐称为"宝树"。

●速生的泡桐

泡桐是我国生长最快的树种之一,一般 7～8 年成材,10～15 年可长成大材,所以有"一年一根杆,五年能锯板""三年成林,五年成材"的说法。四川晒阳县老寨乡有一株 75 年树龄的白花泡桐,树高 44 米,胸径139.4 厘米,材积约 22.5 立方米,是我国目前最大的一株"泡桐王"。

●泡桐木材的用途

泡桐的木材材轻质优,不易变形和翘裂,耐湿,隔潮,电绝缘性好,导热性低,导音性好,耐火、耐腐蚀,很容易天然干燥,不易磨损,易于加工,木色及纹理美观。小到木制工艺品,大至建房梁柱,泡桐木都是上等良材。特别是,我国自古以来就有用桐木制造乐器的传统,任凭天气变化,均可安定音色。泡桐木材极轻,与世界最轻的木材西印度的轻木相似,因此广泛用做航空、车船的包装板以及制造模型和用做造纸原料。

泡桐木材质轻无味,又是茶叶、水果的理想包装。泡桐叶和花营养丰富,是良好的饲料和肥料。泡桐的细枝干、树皮和花、叶、果均可入药,可治慢性气管炎,并有降血压之功效。泡桐树又是林农间作的好树种。

檀香树

檀香是一种名贵的香科,气味芳香馥郁经久不散。檀香皂、檀香扇是深受人们喜爱的物品。檀香香味来自檀香木蒸馏出来的檀香油,因而檀香树是一种名贵的经济树木。檀香树是一种终年常绿的树木。最早产于印度、印度尼西亚等热带地区,现在我国南方种植已较普遍。

●檀香树的生长特性

檀香树有一个与众不同的特性。小的时候还能过着短期的独立生活,长大后如果在它的身旁不种上别的植物它就无法生活。这是什么原因呢?原来檀香树的幼苗期主要靠自己丰富的胚乳提供的养料,一般长到十来对叶片时养料就耗尽了,它自己又不能再制造养料,如果没有别的养料来源就不能生存下去了。这时,它的根系上就要长出一个个如珠子般大的圆形吸盘,它们会紧紧地吸附在它身旁的植物根系上,靠吸取别的植物所制造的养料来过日子。如果这时候找不到被吸附的植物为它提供养料,它就长不起来,最终就会死亡。因此,在种檀香树的时候,就要有选择地在它的身边种上被吸附的植物。因此,人们称檀香树为"半寄生植物"。

植物之最

树木之最

最高的树是桉树。澳洲的桉树最高可达 155 米，目前世界上还没有发现比它更高的树。有趣的是，如此巨树结出的种子却非常小，一棵树能结千百万粒种子。

最大的树是世界爷。它的故乡在美国的加利福尼亚。它生长在高山上，不怕严寒，树干巨大。最大的一棵世界爷，树干的下部周径竟有 46 米。

最长寿的树是龙血树。在非洲西部的加那利亚岛上，有一棵龙血树，500 多年前西班牙人测定它大约 8000 岁至 10000 岁，真可称"万岁爷"了。可惜，这棵树由于没有得到保护，在 1827 年由于暴风雨的袭击而枯死。

最重的树是黑黄檀。1 立方米的黑黄檀木材干重达 1100 千克。

最轻的树是巴尔萨树。它属木棉科植物，分布在南美洲的厄瓜多尔沿海丘陵地带，每立方厘米重 0.9～0.21 克，在世界上近 40 万种植物中，是最轻的一种树木。

花最小的树是无花果。我们常说无花果，其实属有花果，只是它的花要用显微镜才能看得清楚。

花之最

最香的花普遍认为是素有"香祖"之称的兰花。兰花还有"天下第一香"的美誉。

香气传得最远的花是十里香,属蔷薇科。

香味保持最久的花是一种培育的澳大利亚紫罗兰,这种花干枯后香味仍然不变。

最小的花是热带果树的波罗蜜花。平常看到的花是包含千万朵小花的花序。

最长寿的花是一种热带兰花,能开放 80 天才凋谢。

最短命的花是麦花,只开 5 分钟至 30 分钟就凋谢。

最耐干旱的花是令箭荷花,又称仙人掌花。

最毒的花是迷迭香。闻之后令人头昏涨,神经系统受损害。

最臭的花是土蜘蛛草的花,其味如臭烂的肉,它利用臭味引诱苍蝇等传播花粉。

最多色和品种最多的花是月季花。全世界有上万种,颜色有红、橙、白、紫,还有混色、串色、丝色、复色、镶边,以及罕见的蓝色、咖啡色等。

颜色最多的花是白色,颜色最少的花是黑色。

最会变颜色的花是石竹花中一个名贵品种。这种花早上雪白色,中午玫瑰色,晚上是漆紫色。

世界奇树

裙子树。生长在非洲。其叶排生在一条条紫褐色的叶茎上,像接起来的布条,光洁柔软不易折断,当地人将它作裙子穿,既凉又可防毒虫咬。

鞋树。生长在利比里亚的梭那树,它的叶上生有一块长方形的硬底板,四周还附着一片青叶衣,只要把叶子摘下来,在底板边缘和叶衣的交接处缝上几针,就成了鞋。每逢阴天下雨,人们都喜欢穿这种鞋。凡亲友来,人们都把此鞋作礼物赠送。

唱歌树。生长在非洲的一种柳树。风一吹,树叶彼此碰击后就会发出清脆如琴声的音响,这是因为它的树叶纤维组织很密,如玻璃一般,一经碰击就会发出悦耳的声音。

笑树。生长在卢旺达首府基加利一带,它的每个树杈间都长着一个皮果,形状像铃铛。果内生有很多小滚珠似的皮蕊,有风时,皮果便迎风摇动。由于果壳薄且脆,蕊在里面滚动,就会发出"哈!哈!"的笑声。

走路树。生长在秘鲁,当气候干旱时,这种小树的根就会自动折断,并从土壤中伸出来,卷成一个小球随风滚动,一直滚到水分充足的地方,重新长根发芽。

吃人树。生长在印度尼西亚的爪哇岛上,长有许多又长又细的枝条,当人或其他动物不小心碰到枝条时,所有的枝条都要伸过来,把人或动物紧紧缠住,树干和树枝还会分泌出一种很黏的胶液,把人或其他动物牢牢地粘住,置于死地。

蜡烛树。生长在巴拿马,树上结着一条条像蜡烛一样的果实,含有60%的油脂。当地居民把他们摘下来当蜡烛用,点燃后光亮、柔和、无烟。

储水树。生长在澳大利亚的大沙漠上,雨天能把大量的水吸收到自己瓶似的树干里储存起来,以备干旱季节用。在那里旅行的人们,口渴无水时,只要用小刀在树干上挖一个小口,水就会哗哗地流出来。

牛奶树。生长在南美亚马孙河流域,用刀子把树皮切开一点儿,就会流出一股又浓又白的液汁。液汁用水冲淡煮沸后成为跟牛奶一样的饮料。

酿酒树。生长在津巴布韦恰希河西岸,能常年分泌含有酒精的液体,香味浓郁,成为当地人民的天赐美酒。

面条树。生长在马达加斯加山区,每年六七月结出条状果实,最长的达2米,当地居民叫它"须果"。成熟后,人们将须果割下,晒干收藏,食用时放在水里煮软后加上佐料,就是一碗鲜美的"面条"了。

面包树。生长在南太平洋群岛的海滨地带,四季连续开花,不断结果,每隔两三月就可收获一次。果实大如排球小似柑橘。经水煮或火烤熟了才能食用,其营养价值和味道与面包相似。

趣话种子

种子的大家庭可谓种类繁多,约有 20 万种。它们都是种子植物的小宝宝,而种子植物约占世界植物的 2/3 还要多。

种子中的大王应属复椰子了,这种形似椰子的种子可比椰子大得多,而且中央有道沟,像是把两个椰子重合为一起,所以叫它为复椰子。那还是 1000 多年前,在印度洋的马尔代夫岛上,岛民们在沙滩上看见了这种大个果子。

他们不知这是否是椰子,人们劈开它,吃果肉、喝汁液,发现和椰子差不多,给它取名为"宝贝"。1000 年后才明白这是复椰子,是远涉重洋从塞舌尔海岛漂来。复椰子重约 20 千克,里面的种子则有 15 千克之多。真是大个头了,于是许多国家的植物博物馆里都把它用作标本。

下面说说最小的种子。我们常说"丢了西瓜拣了芝麻"!芝麻的种子要 25 万粒才有 1 千克重,看来芝麻种子是够小的了。而烟草的种子要 700 万粒才达到 1 千克重,即 7000 粒才重 1 克,然而这还不是最小的种子,真正的小种子是斑叶兰的种子,200 万粒才重 1 克,轻得如同灰尘。

种子的颜色也包含了世上所有的颜色,而其中约有一半是黑色和棕色。豆科中的红豆,是带有光泽的深红色,它也叫相思豆。它寄托了远隔千山万水的恋人们的相思之情,并流传了许多数不尽的动人故事。

种子有圆有扁,有的长方形,有的竟是三角形或多角形。大多数的种子是比较光滑的,但也有的表面凹凸不平,还有的长着绒毛和"翅膀",像个小昆虫。谁敢轻视这些小小的种子呢,有时只需一粒,它居然能发育成直入云霄的参天巨树呢。

种子有的寿命特长,有的萌发迅速,几乎是落地生根。在我国辽东半岛挖出的古莲子已有1000多岁,剥去坚如磐石的种皮,古莲子居然又能生根、发芽甚至开花。1967年,加拿大人在北美育肯河中心地区的旅鼠洞中,发现了20多粒北极羽扁豆的种子,这些种子深埋在冻土层里。经碳14同位素测定,它们的寿命至少有1万年。在播种试验时,其中有6粒种子发芽,并长成了植株。长寿的种子之所以长寿是因为它们有一层坚硬的外壳,如果长时间无水无气,它们在里面也安然无恙,而萌芽迅速的种子有时只需点水就能在几小时内探出头,可以说是抓住任何机会的生长能手。也是,沙漠中的水奇缺,能够迅速地萌芽生长,才是生存的要旨啊。

草木有情

美国的测谎专家克里夫·巴克斯特一时心血来潮,竟无意中发现了一个举世震惊的秘密:草木居然也有自己的喜怒哀乐。

当时巴克斯特无意中把测谎器的电极连在了龙舌兰的叶子上,当给龙舌兰浇水时,他惊奇地发现,电流计图纸上出现了一堆倾斜向下的锯齿形的图形。这是植物表示出来的喜悦吗?

巴克斯特决定再做几次实验,通常如果让电流计指针剧烈移动,是要伤害做实验的人的身体,用这种方法试验草木会有什么效果呢?巴克斯特在脑中设想了一下烧掉龙舌兰的叶子,就在这一瞬间,图纸上突然有一道上扬的线?可巴克斯特没有动啊,难道龙舌兰知道他的想法?当巴克斯特取回火柴准备烧叶子时,图纸上又出现了一次上升,于是他放弃了烧叶子,这时图纸上的线下降了。后来,巴克斯特假装烧叶子,这一次龙舌兰似乎知道这是个玩笑,图纸上也没有什么反应。巴克斯特为自己无意中的发现而惊奇不已,后来他继续对25种植物做实验,都有类似的反应,这一切给科学界带来轰动效应。

植物似乎还能记忆,巴克斯特做了一个实验,让六人中的一人去毁掉两株植物中的一株,然后把测谎器连上活着的那株植物,当"凶手"走过时,电流计拼命波动起来。

巴克斯特还发现:植物和培养者之间可建立特殊的感情和共鸣。有一次他上街时,随时记下自己的走、跑甚至和人吵架的时间,回去后发现培育的三株植物都产生了与之相对应的微妙反应。

植物怎么会像人一样思考、分析呢?这其中有什么原理呢?还众说纷纭,但有一点似乎可以确定,那就是植物也有感觉。既然这样,我们又有什么理由摧毁绿色生命呢?

植物体内的生物钟

我们知道,日历和钟表能准确地计算时间的流逝,那么生物体里是否也存在着一种类似钟表的时钟呢?

200多年前,就有人用实验来寻求着这个答案,他们把叶片白天张开晚间闭合的豌豆,放在与外界隔绝的黑洞里,结果看到叶片依然按节律白天张开晚上闭合。这个有趣的实验,使人信服地说明:生物体内确实有一种能感知外界环境的周期性变化,并且调节其生理活动的"时钟",这种时钟,人们把它叫做"生物钟"。那么生物钟是否也能像钟表一样可以对时,拨动和调整呢?科学家用实验做出肯定的回答。他们颠倒了白天张开晚上闭合的三叶草的光照规律,就是白天把它放在人造夜晚中,夜晚把它放在光照下,经过多次的摆布后,叶片的张合就和自然昼夜颠倒了,这说明生物钟的指针已经被拨动,但是,当再把它放在自然昼夜中的时候,原来的节律又很快地恢复,钟又调整校对过来了。不同的生物有不同的生物钟,植物体内的光敏素就是控制植物昼夜节律或者开花时间的生物钟。生物钟的机制远比当代最精巧的钟表复杂,但是其中的奥秘到现在还没有完全揭开。对生物钟的研究,对工业、农业和医疗甚至国防,都有重大的实际意义。例如植物在一天中吸收不同的无机离子的时间各不相同,如果掌握了这个"进食时间表",就可以用最少的肥料达到最好的增产效果;心脏病人对洋地黄的敏感性在凌晨4点钟的时候,大于平时的40倍,这对掌握用药时间,大有益处。随着科学的发展,对生物钟的研究,必将在人类生活中产生深远的影响。

植物也有左撇子右撇子之分

众所周知,人常有左撇子右撇子之分。统计资料表明,右撇子者比左撇子多7倍。

那么,植物是否有左撇子右撇子之分?答曰:有。

植物的叶子、花、果实、茎都可能有左旋或右旋之别——左撇子或右撇子。

锦葵是典型的左撇子占多数的植物。左旋叶子锦葵是右旋叶子锦葵的4.6倍。另外,四季豆的左旋叶子比右旋叶子多2.3倍,覆盆子多1.7倍,菩提树多1.2倍。

反之,像大麦、小麦之类的植物,都是右撇子居多的植物。大麦的右旋叶子比左旋叶子多17.5倍;小麦,则多1.6倍。

通常右撇子的人,右手比较发达、有力;而左撇子者,则相反。植物也有类似现象。右旋植物,右旋叶比左旋叶发育得旺盛、丰满;而左撇子植物的左旋叶则较右旋叶发育得更旺盛、丰满。

花色知多少

世界上有成千上万种的花。有的花鲜红似火,有的花洁白如雪,有的蓝像大海,有的绿若翡翠……真是五颜六色、娇艳万分。

三醉木芙蓉能日变三色,早上呈白色,中午开成浅红色,到傍晚则如晚霞成了深红色了，像一位佳人饮了酒，脸色就渐渐由白变红，由浅变深了。怪不得人们给它个三醉的名字。弄色木芙蓉更有变色的绝招，第1天它是白色，第2天成了浅红，第3天则变成浅黄，第4天又成了深红，到花落之时已换了一身紫衣了。

那么，花的颜色真是无法计数了吗？其实要归纳起来，花色只有白、黄、红、蓝、紫、绿、茶、橙、黑9种，只是深浅不同罢了。花色的种类由多到少也是按这个顺序排列的。这是因为昆虫喜欢白、黄、红这3种颜色，使这样的花朵被更多地授粉而变得越来越多了。常言"物以稀为贵"，所以极少见的绿菊花、绿月季也就成了花中的上品了。

善于"武装"的植物

形形色色的植物，裹一身绿装，挂丰硕的果实，时时刻刻吸引了大批动物前来"观光""品尝"。似乎植物就要束手待毙了，慢着，植物也有自己坚实的"武装"，跟你拼个鱼死网破，请看：

南美洲秘鲁南部山区生长一种形似棕榈的树，在它宽大的叶面上布有尖硬的刺，当飞鸟前来"侵犯"，意欲啄食大叶子时，树的武装发挥效力了，密布的尖刺使鸟儿轻者受伤，重者死亡。当地人把这树称为捕鸟树，因为他们常常可在树下捡到自投罗网的飞鸟，而吃上鲜美的鸟肉，岂不美哉？

我国南方有种树，别称"鹊不踏"，它的树干、枝条乃至叶柄都布满皮刺，鸟兽都退之三舍，而一种叫"鸟不宿"的树，则是每片叶上都长有三四个硬刺，同样使鸟儿不敢停留。

非洲生有一种马尔台尼草，它的果实两端像羊角一样尖锐地伸出来，且长有硬刺，人们给它起了个令人恐怖的名字"恶魔角"。它就像其名字一样可怕，成熟后的"恶魔角"掉在草的附近，如果鹿儿前来吃草，往往会不慎踏上"恶魔角"，痛不欲生。

欧洲阿尔卑斯山脚下的落叶松幼苗如果被动物啃食,便会很快生长出一丛尖刺,一直到幼苗长到动物吃不着的高度,才生出普通的枝条,就这样落叶松"武装"保卫了自己。

仙人掌也是凭着一身尖刺保卫了自己。要不,沙漠里的动物早把它富含水分的茎吃光了。

还有一些植物更为"阴险",它们没长尖刺,靠着可怕的毒素武装了自己,这类的植物可真不少,像荨麻有蜇人毒人的刺毛。巴豆的毒素可使吃下它的人腹泻、呕吐,甚至休克、死亡。桃、苦杏、枇杷和银杏的种子含毒,夹竹桃的叶子有毒,皂荚的果实有毒。

植物正是靠着自己的"武装"保卫了自己绿色的生命,看来,柔弱的植物也不可轻易欺侮啊。

植物的"自卫"本领

植物没有神经系统,也没有意识,如果受到其他外来物的侵扰,怎么能进行自卫呢?可是,科学家们却发现了一些耐人寻味的现象。

1981年美国东北部1000万亩橡树受到午毒蛾的大肆"掠夺",叶子被咬食一空,可是奇怪的是,第二年,橡树又恢复了勃勃生机,长满了浓密的叶子,而午毒蛾也不见了踪影。森林科学家十分惊奇:没有对橡树施用灭虫剂和采取任何补救措施,而作为极难防治的午毒蛾又是如何消失的呢?科学家们采摘了橡树叶进行化学分析:发现叶中的鞣酸成分已明显增多,而这种鞣酸物质如被午毒蛾咬食之后,能与其体内的蛋白质相结合,使得害虫很难进行消化,于是午毒蛾变得行动迟缓,渐渐死去或被鸟类啄吃。这个事件说明橡树看来也有"自卫"能力。

在美国的阿拉斯加原始森林中,野兔曾泛滥成灾,它们过多地食用植物根系,啃吃草木,大大破坏了森林植被。正当人们费尽心思而效果甚微、束手无策之时,他们惊喜地发现许多野兔生病、拉肚而大量死亡,这又是怎么一回事呢？科学家们经过研究发现：森林中曾被野兔咬得不成样子的草木，在长出的新芽、叶中竟不约而同产生了一种化学物质——萜烯，使野兔在咬食之后生病、死亡，数量急剧减少，从而保护了森林，这是不是也在证明植物的"自卫"能力呢？

英国植物学家对白桦树进行观察，竟发现，白桦树在被害虫咬吃后，树叶中的酚含量会大增，而昆虫是不爱吃这种含酚大而营养低的叶子的，不仅白桦树如此，枫树、柳树也有如此本领。不过在害虫离去之后，树叶中的酚含量又会减少而恢复至原来的水平，这是否又证明了植物的"自卫"能力？

美国科学家还发现，柳树、槭树在受到害虫的危害后，还能产生一种挥发性物质"通报敌情"，使其他树木也产生抵抗物质。植物的"自卫"还有"绝招"，那就是产生类似激素物质，使害虫在吞吃后能丧失繁殖能力。

由以上可看出，植物似乎确有一种"自卫"能力，看来人类的确要保护植物，没准哪一天惹怒了它们也要遭受报复的。

"阴阳人"植物

在美国缅因州和佛罗里达州的森林里，生长着一种叫做印度天南星的有趣植物，它四季常绿，在长达15～20年的生长期中，总是不断地改变着自己的性别：从雌性变为雄性，又从雄性变为雌性。

大多数植物都是雌雄同株的，在一株植物体上既有雌花又有雄花，或者一朵花中同时有雌性和雄性器官。而印度天南星却与众不同，它不断改变性别，当变成雄性时，它的花只有奶油色的花药，产生花粉；当变成雌性时，它的花只有绿色的子房，子房上长有白色的柱头。早在20世纪20年代，植物学家就发现了印度天南星的这种性变现象。可是长期以来，人们猜不透其中的奥妙。最近，美国一些植物学家研究发现，中等大小的印度天南星通常只有一片叶子，开雄花。大一点的有两片叶子，开雌花。而在更小的时候，它没有花，是中性的，以后既能转变为雄性，也能转变成雌性。经过进一步的观察，他们又发现，当印度天南星长得肥大时，常变成雌性；当植物体长得瘦小时，又变成雄性。因此，他们认为：印度天南星的性变生理是植物"节省"能量。

原来，植物像动物一样，雌性植物产生后代所需要的能量远比雄性植物产生精子所需要的能量要多。印度天南星的种子比较大，消耗的能量比一般植物更多。如果年年结果，能量和营养都会人不抵出，结果会使植物越来越瘦小，甚至因营养不良而死去。所以，只有长得壮实肥大的植物才变成雌性，开花结果。结果后，植物瘦弱了，就转变为雄性，这样可以大大节省能量和营养。经过一年"休养"，待它们恢复了气力，积蓄了一定的能量和营养后再变成雌性，开花结果。

有趣的是，这种植物不光依靠性变来繁殖后代，还利用性变来应付不良环境。植物学家发现，当动物吃掉印度天南星的叶子，或大树长期遮挡住它们的光线时，印度天南星也会变成雄性。直到这种不良环境消失后，它们才变成雌性，繁殖后代。

植物进化

植物进化的阶梯

最早的光合作用产物不是氧气,而是硫黄;最早的根的作用不是为了吸收水分;进化早期的植物都需要水环境才能繁殖。在植物进化的阶梯上有太多太多让人意想不到的故事。

距今 35 亿年前,光合作用第一次启动,地球上的生命世界从此有了稳定的能量来源。4.6 亿年前,植物走上陆地,从此生命演化的舞台由海洋拓展到了陆地上。2.3 亿年前,随着种子和花等一系列结构的出现,植物繁殖摆脱了水环境的束缚,将绿色撒向了地球上的每个角落,为动物在不同环境下的繁殖提供了基础,催生了包括人类在内的以不同方式利用植物的动物和微生物。最终形成了我们今天看到的这个多姿多彩的生命世界。让我们一起去重温植物进化历史上那一个个精彩的瞬间。

生命世界的发动机——叶绿体

当前,随着石油、煤炭这些传统化石燃料的日益短缺,世界各地的科学家都在绞尽脑汁开发可以替代传统燃料的新能源。他们不约而同地将目光投向了太阳,因为这个巨大的能源仓库每秒钟都会为地球送来17 万亿千瓦的能源,相当于当今全球 1 年能源总消耗量的 3.5 万倍。然而我们现有的太阳能电池板转化效率太低,即使把地球表面都铺满

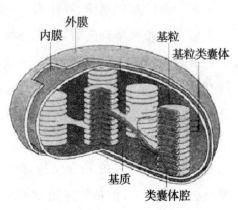

也无法提供足够的电能。正当我们望光兴叹的时候,大自然早在几十亿年前制造出了精巧而高效的太阳能发动机——叶绿体。说叶绿体是生命世界的发动机一点都不为过。正是它们将太阳能转化为化学能,供植物生长繁殖,并通过食物链传递给动物和微生物,从而推动了地球生物界的生长、繁殖和进化。当然,如此重要而精妙的发动机并不是一朝一夕就能开发出来的,从"设计"到"定型"足足耗费了20多亿年的时间。

我们把目光投向40亿年前生命诞生之初的地球。这时的生命体都生活在原始海洋中,它们都是异养型的,也就是说,它们都不会制造营养物质,只能通过吞食分解有机物或者其他生命体供给自身生命所需。然而,环境中的有机物所提供的能源毕竟有限,为了能获得更多的生存机会,一些生命开始尝试利用太阳能这一巨大而稳定的能源。在大约距今35亿年前的时候,最初的光合生命——光合细菌登上了进化的舞台。它们可以利用自身合成的菌绿素来完成对太阳能的吸收和转化。但是这个原始的光合系统有着很大的缺陷。一方面,菌绿素转化光能的效率较低。另一方面,与现今植物利用水进行光合作用不同,光合细菌需要硫化氢作为反应物质。而硫化氢本身不稳定,且在环境中的含量较低,这大大限制了光合细菌的"工作量"。尽管如此,光合细菌还是首次将太阳能引入了生命世界,为光合生物乃至整个生物界的进化奠定了基础。

在随后的几亿年中,叶绿素 a 和藻胆蛋白替代了集光效率较低的菌绿素。在集光效率提高后,原先环境中"丰富"的硫化氢很快就消耗殆尽了。这时,出现了以蓝藻为代表的最早的植物,它们利用水——当时广泛存在、用之不竭的物质,替代了硫化氢。这样就完全解决了光合作用反应物需求问题。同时,光合作用开始放出氧气,使整个生物界朝着能量利用效率更高的需氧生物的方向发展。这时的植物还没有叶绿体,由色素和蛋白质组成的光合反应器——类囊体都分散在细胞质中。光合发动机初现雏形,但是效能还是不尽如人意。

在完成初步的工作之后,大自然开始着手设计效能更高的发动机。首先,用"价格低廉"且工作效率较高的叶绿素 c 代替了合成"费用"高昂的藻胆蛋白。由于叶绿素 a 和叶绿素 c 组成的光合作用系统更适应于海洋中的光照条件,因此使用这种发动机的植物(如硅藻、海带等)虽然占领了海洋,却只能生活在水环境中。因此,大自然对这样的"潜水"发动机仍然不甚满意。经过改进,用叶绿素 b 替代了叶绿素 c,最终设计出"原绿藻"型发动机——叶绿体,它们成为细胞中专门进行光合作用的场所。这样一来大大降低了能量传递的损耗,提高了光合作用的效率。经过磨合之后,这样的发动机终于具备了在水陆两栖条件下使用的功能,原绿藻也就成为现今所有陆生绿色高等植物的祖先。而这种强大的动力装置应用在所有绿色植物身上,直到今天。解决了能量来源之后,植物进入了发展的黄金时期,一场绿色革命就此拉开了序幕。

新建的能量工厂——叶片

在地球诞生之初,所有陆地都暴露在太阳剧烈的紫外线照射之下,生命只能依靠水来抵挡紫外线。因此最初的生命只能在海洋中和淡水中生存。在植物出现之后,光合作用逐步改变了大气的性质。大气中氧气的含量逐步增加,并且在紫外线的作用下形成了臭氧。臭氧层吸收了部分紫外线,减弱了地面的紫外线照射强度,为生物登陆创造了条件。此时,植物开始了登陆的尝试。

俗话说:"兵马未动,粮草先行。"要想在陆地上生存,首先就要解决吃饭问题。植物在水中生活时,气体和养分都可以在水和细胞之间直接交换得到,并且毫无缺水之忧。而一旦走上陆地,情况就大不相同了——陆地上缺少水分,并且二氧化碳和氧气的浓度要比水中高得多。

藻类植物的简单设备不仅无法进行正常的能量生产,甚至不能保证不脱水。于是一种新的能量工厂被建设起来,那就是叶片。

首先,出现防止叶片中水分快速丧失的叶表皮结构。这层透明的组织在允许阳光透过的同时,将水分锁在了叶片内部的叶肉细胞中。然而,仅有坚实的表皮还远远不够,因为光合作用还需要进行气体交换。如果表皮仅仅是一层严实的外壳,那二氧化碳也进不去,氧气也出不来,整个反应也就无法进行了。因此植物在表皮上还留下了许多可以开合的进出关口——气孔。有了这些关口,植物就可以在适当的时候吸入二氧化碳放出氧气,并且可以在水分过多时,适当排出水分。这样一来,表皮内部的叶肉细胞就可以安心地进行光合作用了。

告别漂泊——根

一提到根的作用,大家可能首先想到吸收水分和养分供植物生长。这两项是绝大多数植物根系的本职工作。然而,最早出现的根,作用却并非吸收水分和养分,而是将植物体固定在一个位置上,这种早期类型的根被称为假根,大型藻类(如海带)和苔藓所拥有的根就是假根。之所以称其为假根,是因为在这些根内部没有运输水分和养料的通道,并且在根的表面没有吸收水分和养料所需的根毛。它仅有的作用就是固定植株。

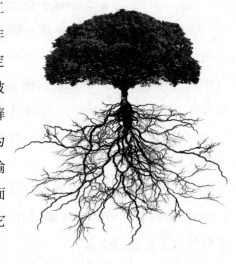

在大型藻类和苔藓植物出现之前,植物(如单细胞藻类、球藻)的构造都比较简单,对外界的适应性较强,几乎都过着随波逐流的生活。而其后出现的大型藻类植物却需要相对稳定的环境才能生长和繁殖,因此部分细胞特化成了假根。尤其是登上陆地的苔藓植物,假根可以将它们固定在合适的生活环境中,降低风吹和水流的影响,提高生存几率。

正当苔藓植物在陆地上艰难站稳脚跟准备向前迈步的时候,忽然发现陆地上的大多数水都藏在土壤中。并且陆地上的矿物营养都是以固体形态出现的。苔藓的假根显然无能为力,于是它们只能收回迈出去的步子,退居到水边和潮湿环境中去了。

支撑绿色世界——维管系统

虽然苔藓植物在征服陆地战役中败下阵来,这丝毫没有影响继任者的脚步。带有完整的土壤取水、输水系统的植物很快出现了(当然这里的快只是相对于漫长的地质年代来说,这个过程大约经历了3000万年)。蕨类植物是第一种能够在陆地上广泛分布的植物。它们之所以能取得成功,其体内的维管系统功不可没。

在蕨类植物根和茎的皮层中存在首尾相连的细胞——管胞,它们就是负责将水分和矿物质从根运送到叶片,并将光合作用生产出的养分从叶片送到根系的通道。这样专业的运输队伍,使运输效率成倍提高,也使得蕨类植物的个头可以比苔藓植物大得多。在蕨类植物中,水分和养料的运输都使用同一条通路。在更进化的裸子植物和被子植物中,这两条路线被分隔开来,枝干中心木质部里的导管负责向叶片运输水分,而树皮中的管胞则负责从叶片向根运输养料,从而进一步提高了运输效率。

为了下一代——花和种子

为了克服干旱的环境,裸子植物首先为精子制造了简易的运输包装——花粉粒。这个装置可以带着精子在干燥的空气中飞翔。只要落在合适的地点——雌配子体顶端,花粉就会萌发将精子释放出来,让它与雌配子体中的卵子相结合形成合子,再进一步发育成种子。

裸子植物的雄配子体和雌配子体已经极端简化,它们的生长位置也固定在了一些特定的叶片上,即产生雄配子的小孢子叶和产生雌配子体的大孢子叶。今天我们还可以从苏铁身上看到原始的大小孢子叶的影子,虽然它们还保留着叶片的形态,但已经失去了光合作用的能力,专司繁殖了。在随后的进化中,大小孢子叶日益特化,分别聚合形成大孢子叶球(雌球花)和小孢子叶球(雄球花)。从此,植物繁殖有了相对稳定的场所,并且完全摆脱了水环境的限制。

在裸子植物繁殖中,花粉都是靠风力送到大孢子叶球上的。虽然这种运输方式简便易行且不用支付运输费用,但运输效能却极为低下,绝大多数花粉都不能被送到指定位置。为了保证授粉,裸子植物一般都会制造出大量的花粉。但这样一来,不可避免地造成了资源的浪费。

同时,也给那些花粉过敏的人带来了不少麻烦。

被子植物的出现打破了这一僵局。很多被子植物利用动物将花粉准确有效地送到目的地。当然,动物不会做义务劳动。被子植物为它们准备了花粉和花蜜,动物在一朵花上享用大餐时就将花粉带在身上,当他们去下一朵花赴宴的时候,就会将花粉传到指定的位置上。然而,酒好也怕巷子深,如何把动物吸引到花上,并让它们把花粉准确地送到目的地呢?被子植物为此准备了信号灯和指示牌——美丽的花瓣和丰富的花香。并且不同的招牌对应不同的传粉者。比如说,蓝色或者黄色且气味香甜的花朵(如龙胆、迎春花)主要是由蜜蜂或者熊蜂传粉的,而红色没有气味的花朵(如芦荟)则是由鸟类传粉的。这样一来,就形成了我们今天所看到的五彩缤纷的花儿的世界。虽然虫媒传粉具有很高的效率和精确性,但是制作"广告牌"以及支付传粉者"工钱"需要消耗植物大量的能源。所以,很多被子植物依然沿袭了裸子植物依靠风力传粉的传统。

除了花粉，裸子植物和被子植物还发展出了种子这一重要的繁殖结构。这样一来，大大提高了植物幼体抵御干旱、低温等不良环境的能力。在重皮的保护下，种子可以在地下休眠几年，几十年，甚至上千年，直到环境适合时才萌发生长。同时，有了这种保护结构，使植物可以将下一代传播到遥远的地方。

为了适于远距离传播，很多植物（如枫树、杉树）的种子装备了风力滑翔装置（翅），可以借着风力飞到很远的地方。而有些种子（如苍耳）装备了尖刺，它们可以附着在动物的皮毛上，随动物远行。更多的植物将种子藏在可口的果肉中，当动物吞下果子时，这些种子也就开始了旅行。那些没有被消化掉的幸运儿，在被动物排出之后，就在一个新的环境下扎根生长了。

至此，被子植物制造出了所有适于在陆地上生长和繁殖的秘密武器——叶片、根、维管系统、种子和花。带着这些秘密武器，被子植物最终成为植物界的霸主，占据了除南极洲以外的每一块大陆。正是它们为丰富多彩的生物界提供的庇护场所，让地球充满了勃勃生机。

从叶绿体到叶和根，从维管系统到种子和花，植物踏着一级级坚实的台阶走到今天。当第一个光合细菌开始利用太阳光制造营养物质之时，它一定不会想到，它的子孙后代将遍及全球，并最终成为生命世界的基础。今天，很多植物在人类活动的影响下迅速消亡了，但是还有很多顽强地生存了下来，特别是那些被人类视为"恶性杂草"的种类（如紫茎泽兰，微甘菊等），也许这些"恶性杂草"正代表了未来植物的发展方向。人类很难加以控制，恰恰说明它们拥有强大的适应力，而适应不正是自然界的基本法则吗？也许有一天这些植物的子孙将迈上新的进化台阶，延伸到地球的每个角落，继续讲述植物进化的神奇故事。

植物种群的进化和选择

种群数量动态是种群动态过程的一个方面,另一方面便是种群的质量变化,它们之间具有密切的关系。种群质量即种群内个体质量的特征,一般用表现型和基因型表示。随着种群大小的变动,选择压力也随之变化,对基因型和表现型频率的变化产生影响。

种群是由彼此可进行杂交的个体组成的,因此种群是一个遗传单位。种群中每个个体都携带着一定的基因组合,它是种群总基因库的一部分。进化过程包括基因库的变化和遗传基因组成表达的变化。引起这些变化的原因是环境的选择压力对于种群内个体的作用。自然选择使适者生存,不适者淘汰。适应能力强的个体有更多后裔,其基因对以后的种群基因库贡献大,反之亦然。种群的基因频率从一个世代到另一个世代的连续变化过程就是进化过程的具体表现。因此,种群的进化是世世代代种群个体的适应性的累积过程。因为环境的变化是永恒的,所以种群通过某些个体的存活,其适应性特征也在不断变化着。新的物种形成是进化过程的决定性阶段,而物种进化通过种群表现出来,所以种群也是进化单位。

(1)种群的遗传结构

植物种群中每一个个体的基因组合称为基因型。基因库是指种群中全部个体的所有基因的总和。基因、基因型和基因库是种群的遗传结构中的重要成分。基因通过表达的调控,形成人可以直接观察感受到的植物个体的表现型,它在个体的一生中不断地变化着。每个基因型在整个植物种群中所占的比例称为基因型频率。不同基因在种群中所占的比例为基因频率。基因频率是决定一个种群性质的基本因素。影响基因频率变化的因素主要有基因突变、自然选择和迁移等。突变提供了自然选择的原始材料,同时又是影响基因频率的一种力量。自然选择通过不均等的死亡率,使适应能力弱的个体所拥有的基因在种群中所占频率降低,从而保存和改进植物对自然的适应性,达到进化的效果。种群内个体之间在结构和功能等方面的差异称为变异。变异是自然选择的基础,它包括种群的变异和遗传物质的变异。种群变异主要有环境改变、生态的遗传变异和多态现象等;遗传物质发生变异也叫突变,可分为基因突变和自然染色体突变两类。在物种进化过程中,突变和选择是互相不可替代的两个方面,它们从两个水平上影响着基因频率的变化。

(2)植物的生态型

生长在不同环境条件下的同一种群的植物可能会有不同的形态、生理和生态特征,并且这些变异在遗传上被固定下来,在一个种群内分化成为不同的生态型。生态型与分类学中的亚种是不同的概念,一个亚种可以包含一个至多个生态型。一般生态幅越广的植物,其产生的生态型也越多。种群是生态型的构成单位,遗传变异是生态型形成的基础,环境因子的选择是生态型分化的条件。生态型根据形成的主导因子不同分为气候生态型、土壤生态型和生物生态型等类型。以水稻为例,籼、粳稻是温度生态型分化,晚、中、早稻是光照生态型分化,水、陆稻属土壤生态型变化。

植物进化历程

植物界发生、发展和演化的历史过程。当今地球上生长着约40多万种植物。它们不仅在形态结构上不同,而在营养方式、生殖方式和生活环境上也各不一样。现代科学和化石研究表明,现存的这些植物并不是现在才产生的,更不是由"上帝"创造出来的,它们大约经历了30多亿年的漫长历程逐渐发生发展和进化而来的。

地球上最早出现的植物是细菌和蓝藻等原核生物,时间大约距今35~33亿年前。以后经历了5个主要发展阶段才发展到现在的状况。

第一个阶段称为菌藻植物时代。即从 35 亿年前开始到 4 亿年前（志留纪晚期）近 30 亿年的时间,地球上的植物仅为原始的低等的菌类和藻类。其中从 35～15 亿年间为细菌和蓝藻独霸的时期,常将这一时期称为细菌—蓝藻时代。从 15 亿年前开始才出现了红藻、绿藻等真核藻类。第二阶段为裸蕨植物时代。从 4 亿年前由一些绿藻演化出原始陆生维管植物,即裸蕨。它们虽无真根,也无叶子,但体内已具维管组织,可以生活在陆地上。在 3 亿多年前的泥盆纪早、中期,它们经历了约 3 千万年的向陆地扩展的时间,并开始朝着适应各种陆生环境的方向发展分化,此时陆地上已初被绿装。此外,苔藓植物也是在泥盆纪时出现的,但它们始终没能形成陆生植被的优势类群,只是植物界进化中的 1 个侧支。第三个阶段为蕨类植物时代。裸蕨植物在泥盆纪末期已灭绝,代之而起的是由它们演化出来的各种蕨类植物;至二叠纪约 1.6 亿年的时间,它们成了当时陆生植被的主角。许多高大乔木状的蕨类植物很繁盛,如鳞木、芦木、封印木等。第四个阶段称为裸子植物时代。从二叠纪至白垩纪早期,历时约 1.4 亿年。许多蕨类植物由于不适应当时环境的变化,大都相继灭绝,陆生植被的主角则由裸子植物所取代。最原始的裸子植物（原裸子植物）也是由裸蕨类演化出来的。中生代为裸子植物最繁盛的时期,故称中生代为裸子植物时代。第五个阶段为被子植物时代。它们是从白垩纪迅速发展起来的植物类群,并取代了裸子植物的优势地位。直到现在,被子植物仍然是地球上种类最多、分布最广泛、适应性最强的优势类群。当然其他各类植物也都在发展变化,种类也不少。纵观植物界的发生发展历程,可以看出整个植物界是通过遗传变异、自然选择（人类出现后还有人工选择）而不断地发生和发展的,并沿着从低级到高级、从简单到复杂、从无分化到有分化、从水生到陆生的规律演化。新的种类在不断产生,不适应环境条件变化的种类不断死亡和灭绝,这条植物演化的长河将永不间断,永远不会终结。

热带雨林中的动植物协同进化

地球上所有的物种在过去的 35 亿年间都经历了产生、繁衍和进化的过程，其中一些物种在进化过程中相互作用，也正是这种相互作用使我们今天看到的自然界不仅有一个个彼此独立的物种，而且还有植物间的相生相克、动物间的食物链关系、植物与动物间相互利用等诸多行为和现象。动植物在漫长的协同进化道路上携手前行，共同演绎了众多令人叹为观止的故事。

人们常慨叹自然界花的绚丽、果的香甜。它们是上帝的杰作吗？是大自然偶然的产物吗？现在我们知道，它们是动物和植物在漫长的岁月中协同进化的结果。在温带地区，许多植物的花往往是黄色、白色、紫色或蓝色，这是因为这些地方的昆虫对鲜红色辨别力较差。而在热带，植物的花往往是红色的，这是因为这些地方的蝶类和蜂鸟善于辨别鲜艳的颜色。对于虫媒花植物来说，传粉是靠昆虫或蜂鸟实现的。动物在寻花采蜜的时候，身体粘上花粉，在拜访其他花朵时先前的花粉就撒落在后者的柱头上，为植物完成了授粉作用。在这一过程中，昆虫得到食物，花得以授粉，动物与植物彼此受益，相得益彰。这种相互依赖的关系有时甚至协同进化出了令人惊讶的现象，动植物中的一方仿佛完全是为了适应另一方而存在，如有些蝴蝶的口器刚好适合兰花的唇瓣，一些花筒的长度和形状恰巧与采蜜蜂鸟的喙相吻合，这就是所谓的"协同进化"。

我们不妨先来看传粉动物与植物协同进化的两个实例。

在南美热带雨林中，蜂鸟是许多种类植物的传粉者。蜂鸟的喙大致可分为两种类型：长而弯曲型和短而笔直型。第一种类型的鸟适于在略微弯曲的长筒状花中采蜜，这一类花分布广泛且产蜜量高；第二种类型的鸟适于在短小笔直的短筒状花中采蜜，这一类花分泌的花蜜一般较少，而且经常能吸引许多传粉的昆虫。尽管长喙蜂鸟也可以取食短筒花中的蜜，但它们一般更偏爱长筒花，而且只要它们流连于短筒花附近，往往要受到其他短喙鸟类的驱赶。长喙蜂鸟飞行速度快，可以长距离地飞

来飞去取食那些不能被短喙蜂鸟利用的花蜜。有趣的是，依靠蜂鸟传粉的植物几乎都能分泌同等数量的花蜜，这也许是因为蜂鸟不屑光顾那些产蜜量不高的花。

在新大陆热带雨林中，有很多兰花完全依赖某一类蜜蜂传播花粉。其实兰花不分泌花蜜，但可以从花瓣分泌细胞中释放香气。雄性蜜蜂喜欢停落在分泌区"沐浴"香气，并带回自己的巢室中储存起来甚至让其发生化学反应，从而促使自己的触角腺分泌能吸引雌性的激素。每次进入兰花时，雄蜂落在唇瓣上，头部恰好触到花粉块基部的黏盘；等离开花朵时，便能携带走一团胶状物的花粉块。等雄蜂飞到另一朵花采蜜时，花粉块恰好又触到兰花有黏液的柱头上，于是为兰花完成了授粉作用。颇为有趣的是，这些兰花对传粉动物的要求极其细致，体型过大或过小的蜜蜂种类都不适合兰花的形状，因而不能触及其生殖器官。更耐人寻味的是，不同种类的兰花能分泌不同类型的香气，而不同种类的蜜蜂则选择不同的芳香型，因此，生活在同一区域的兰花便能各自吸引与其相对应的蜜蜂来为自己传粉。通俗地说，花的美丽和芬芳不是为了妆扮大自然，而是给自己做广告。

除了花,动植物协调互利的现象也普遍存在于水果中。热带雨林里盛产各种颜色的野果,而黄色水果尤其为许多树栖灵长类动物所偏爱。最近的研究表明,南美洲许多以水果为食的灵长类动物的视觉系统对黄色特别敏感。迄今,人们对这一现象的生理机制尚不十分清楚,但已经理解这一特性在动物生存适应上的含义:使动物更容易发现点缀在绿叶中的黄色水果。我们知道未成熟的水果多为绿色,隐在树叶中不易被发现,这是因为此时种子尚未发育成熟,动物的介入只能给植物带来损失。种子一旦成熟,果皮通常变黄,醒目的颜色吸引动物远道而来取食水果,后者往往在吞食果肉的同时也将种子吞下,而后再排出。于是,种子随动物移动到新的地方,植物种群也因此得以扩展到新的空间。所以,我们说动物和植物的这些生理特点都不是偶然的产物,而是彼此协同进化的结果。

水果的气味变化也遵循同样的道理。果肉未成熟时苦涩无味,一旦成熟便会发出诱人的香气,浓烈的气味能吸引来棉袋鼠和蜜熊等夜行性动物,这些动物也是种子的义务传播者。在南美洲,许多种蝙蝠以水果为食,它们凭借嗅觉寻找美味佳肴。这些飞行的哺乳动物代谢率极高,经常在取食花果后不久,在随后的飞行中就能将尚未消化的微小种子喷泄出来,让天空下起一片“种子雨”。

在热带雨林中可以观察到多种多样有趣的动物适应生存的行为,其实植物也有诸多适应生存的行为,虽然和动物相比这些对策不那么显著,但它们却同样巧妙、富有情趣。这里我们来看一看植物如何“摆布”其种子传播者。

雨林里许多水果的种子呈梭形,外被光滑的果肉,果肉和种子紧紧连在一起,这样,种子便会在动物吮食果肉时顺口“钻”进后者的肚子。对动物来说,这些种子是“污染物”,因为它们不能给动物提供任何营养和能量;但对植物来说,种子被动物吞下并带到新地方是它们传种接代和种群扩展的途径,而果肉不过是吸引动物的诱饵罢了。

　　同样是为了吸引动物传播种子,有的植物甚至进化出了骗术。热带雨林里有一种高大的豆科植物,荚果成熟时开裂,红黑相间的种子便暴露在外,在阳光下特别醒目,远处的鸟往往会以为是可口的水果,飞过来叼着就走,待鸟儿意识到被欺骗而将种子丢弃时,种子很可能已被移到几十米以外的地方了。还有更高明的骗术,一位法国科学家在产自非洲丛林的一些水果中发现了一种被称为"假糖"的东西,假糖的化学成分原本是蛋白质,但吃起来却有甜味,科学家认为这也是植物吸引动物传播种子的招数,因为很多灵长类动物都喜欢吃有甜味的水果。

　　热带雨林里还有形形色色的干果,其果实和种子往往都是无嗅无味的,但这些没有"招摇"手腕的种子仍会遇到"好心的"传播者——啮齿类动物和蚂蚁。我们知道,在温带地区,松鼠和花鼠在秋天有贮藏食物的习性,那是为越冬作准备。在热带地区,这一类动物也有相同的习性,因为这里虽没有秋冬之分,但也有食物稀少的严酷季节。于是,这些小机灵们便在果实丰富时将种子埋到地下以"备荒"。不料,植物早已进化出相应的对策,一些种子一旦遇到合适的环境会很快生根发芽。在亚马孙热带雨林的努里格生态站,一位摄像师就拍到了非常富有戏剧性的一幕,一只刺鼠劳神费力地将一个硕大的种子埋在了树根下,可过了一段

时间,等它再来寻找"口粮"的时候,种子已经发育成两尺高的小苗了。

鲜为人知的是,一类树栖蚂蚁也摄食种子。这些蚂蚁的巢以泥贴在树干的凹陷处筑成,它们将四处寻找到的种子辛辛苦苦地运到巢穴中,殊不知,一些种子一入巢便悄悄而快速地萌发。于是,日久天长,蚁穴周围长出了一株又一株的植物,光秃秃的蚁穴也摇身一变,成了生机勃勃的"蚂蚁花园"。

在整个地球的热带雨林里,大约70%的植物依靠动物传播种子。一位美国热带生态学者曾系统地研究了南美热带雨林里水果的大小、颜色与其种子传播者的关系,他发现雨林里的水果可以分成两大类:体积小的红色水果和体积大的黄色水果,前者的种子传播者是鸟类,后者的则是哺乳类。另一位法国专家深入地研究了吼猴的领域利用行为与植物演替的关系,发现在吼猴经常睡眠的区域幼龄植被结构明显与其他地方不同,在这些地方被吼猴取食的植物种类的幼苗明显密集。原来,吼猴食量很大,又不经常移动,于是,许多被吞下的种子都被排泄到同一个区域,种子随后发育成小苗。几十年后,这一小块森林的结构就会稍微区别于邻近的森林,这也就解释了原始热带雨林的植被分布不十分均匀,或多或少地呈斑块状的原因。

大自然就是这样随着生命的进化将自身编织成一张错综复杂的网,所有的环节都有着直接或间接的相互关联。它似乎为每一个物种都做了精心的安排!大自然真是古朴的美、绝妙的诗、醉人的梦、神奇的谜!

植物标本

植物标本的采集和制作

采集和制作植物标本,是生物教育科研工作者的基本功,不仅能让生物工作者比较系统地掌握关于植物的形态、结构、分类、遗传、变异、进化和生态等方面的基础知识,而且对激励生物工作者学习情趣,培养技能,激发工作热情,充实生物教育、科研器材均有一定的价值。

一、采集标本

采集标本是生物工作者有目的进行的野外活动,采集前要做好一定的准备工作。

1. 准备采集标本的工具。采集标本的工具要按照因陋就简的原则进行准备,由于其进行的是野外活动,工具的准备要尽量轻便,便于携带。一般来说,可准备下述器材:

(1)标本夹:16K 或者 8K 本的刊物即可;

(2)吸水纸:选吸收性能好的毛边纸、卫生纸、草纸等均可;

(3)采集箱:可用三夹板、薄小板或纸板包装箱、食品盒改制而成,再内外糊贴、加面,既省钱,又实用;

(4)其他器材:小锄头、掘铲、枝剪、高枝剪(剪刀捆上两根小棒)、放大镜、粗细绳子、野外记录卡、大口瓶、酒精、甲醛,有条件的还可以带测高尺。

2. 明确采集的对象。在采集标本前要根据采集目的确定要采集标本的对象,这样才能有的放矢、目标明确地进行采集。在采集时发现新的物种和其他有重要价值的标本,也可随机采集。

3. 确定采集标本的时间。采集标本的时间要凭乡土植物情况,根据不同植物的种类,分别在早春、初夏、盛夏、秋天进行采集。具体来说:植物纤维的采集,以茎秆纤维完全成熟时采集最为理想;根类、块根的采集,应分别在发芽前、植株枯萎时进行。

4. 采集完整的标本。你采集的标本是供教学、科研用的,采集的标本要完整,要有保存价值和使用价值,具体来说要注意以下几点:

(1)除采集植物的营养器官外,花、果和鳞茎、块茎、块根等是分类上不可缺少的;

(2)雌雄异花、异株的植物应分别采集所带雌花和雄花的标本;

(3)草本植物应该采集全草,处理清爽后,即刻压入标本夹,如植株较大较长,可弯折或复折但不要切断;

(4)木本植物植株高大,可采有花、有果、带叶、带枝的一段,但必须采集连皮的新老枝。

(5)采集苔藓和蕨类植物要尽量采到孢子囊和根茎部分。

5. 几点说明:

(1)同一种植物至少要采集3~4份,若遇稀有、奇特或有重要用途的植物均可多采,以便交流、上报、研究。

(2)随时填写采集卡。

(3)为了保存,凡是可以压干的标本应立即压干。

二、制作标本

采集到标本样品后要及时进行制作,经制作后的标本才能保存较长时间,才可供观赏和研究。

1. 上夹。野外工作结束后,应立即整理采集来的标本,如枝、叶拥挤或者卷曲,可做必要的拉开、翻转、剪裁,较大的植株标本可折成"V"或者

"N"字型,如遇高大的,可除去中间一段。

2.用热熨法做好保色标本。

(1)将整形后的花、叶放在两层吸水纸的中间,铺于平板上;

(2)以预热的熨斗或装有热水的搪瓷杯来回熨 3～4 次,标本骤然失水,色素未破坏。倘标本较厚实,失水不足,可换吸水纸再熨;

(3)取出熨好的标本整理、固定、上蜡,贴上标签。

热熨法制作花、叶保色标本,比通常的药物制作和压晒制作经济简便,效果较好;

(4)肥厚、多浆的植物或有球根、鳞茎的植物,必须切开压制。切割时以不失其原形为原则。

3.标本的装帧。

(1)装帧用 380mm×360mm、270mm×200mm 等不同大小的干燥铅画纸、卡片纸、白台纸;

(2)选择标本,将它置于装帧纸上。标本的位置要安排得当;

(3)用白线或透明胶带固定标本。如有干制后仍较粗大的根、茎、果实或种子,可用胶水把它们粘在纸上,或装在透明包装袋中粘附于纸上,力求标本完整;

(4)根据装帧纸的大小,在右下角贴上 30mm×50mm、60mm×90mm 的标签,装盒。

三、保存标本

1.标本要妥善保存,保存得好的标本可长时间不变质甚至永久不变质。保存标本时要注意以下几点:

(1)分类保存;

(2)柜内应放几小包石灰、樟脑、花椒等防蛀、防霉物质;

(3)定期检查,梅雨季节尤为必要。

2.多汁肉果类的标本要浸制保存,保存时可选用:

(1)用浓度为 15％～20％的饱和食盐水浸制；

(2)根据果实大小,以 70％～95％的酒精保存；

(3)用 4％的甲醛供一般植物的茎叶、果实的浸渍；

(4)3％的甲醛、10％的酒精、5％的甘油配成保存液浸制果实,如标本体积特别大,溶液浓度可酌情提高。

(5)用 $ZnCl_2$ 250 克溶解于 100mL 水中,然后加入甲醛和甘油各 20mL 配成保存液,浸制果实。

3. 几点说明:

(1)准备用来浸制的标本,最好选取七成左右的成熟果,皮要完整无损,形状、色泽能反映此种植物特征。

(2)在浸制过程中,如遇果实上浮,可把它们用线缚在玻璃棒上,再放入瓶中。

(3)如用食品大口瓶的,瓶口可用掺入少许蜂蜡的石蜡封住,避免干裂。

(4)瓶外粘贴标签。

(5)标本瓶最好放在暗室或暗柜内,如能在低温条件下贮存,鲜艳的色泽能维持更长久。

植物浸制标本的原色保持

1. 标本绿色的保持方法

方法 1:将醋酸酮缓慢加入到 50％的冰醋酸中制成饱和溶液,然后将此溶液按 1∶4 的比例稀释。随后加热,当加热到 80℃的时候,把绿色标本投入到溶液中,继续加热。当绿色标本逐渐由绿色变黄、变褐,最后又变绿时即可停止加热。这样绿色标本便可置于福尔马林固定液中长期保持绿色。

方法 2:将标本置于硫酸铜、福尔马林溶液中,浸泡 10～20 天后,再更换一次硫酸铜与福尔马林溶液并浸泡 10 天后取出,用清水冲洗干净,再用福尔马林固定液可长期保持绿色。

方法 3:以 20% 的氯化镁浸泡 1～4 天,然后分别用 30%、50%、75% 的氯化镁溶液依次浸泡,每次浸泡 5～7 天(pH 值为 5.8 左右),再用 85%、95%、100% 的氯化镁溶液依次浸泡,每次 7～10 天。最后,在过饱和氯化镁固定溶液中保持原色。(引自《生物》杂志,此法还可以保持花和果实的其他颜色)

大凡绿色植物浸制标本制作过程中,浸泡或浸渍时间是关键。浸渍时间的长短,要视植物老嫩程度和种类而定。一般地说,植物幼苗浸 3～5 天即可,而成熟的植物则需浸 8～14 天。最妥善的办法是从浸泡后的第三天起,每天检查一次,见到植物褪成黄色而又重新变成绿色时,即可取出。用清水将浸泡液洗净,然后放到 5% 的福尔马林溶液中保存,标本就制成了。

2. 标本红色的保持方法

(1)固定液配制:4mL 40% 的福尔马林溶液,3g 硼酸,400mL 水。

(2)保存液配制:20mL 40% 的亚硫酸,10g 硼酸,580mL 水。

(3)保存方法:把红色果实浸泡在固定液中 1～3 天,等到果实变成深色的时候取出,用注射器向果实里注射少量的保存液,然后固定在保存液中,果实逐渐恢复本色。这种方法还可以预防标本腐烂。

对红绿交错的果实,如剖开的红瓤西瓜、红辣椒,或是植物的红色根、茎,如红萝卜、红皮甘蔗等,可以浸泡在质量浓度为 0.05g/mL 的硫酸铜溶液里约 10 天左右,当标本由红变褐时取出。漂洗后移到盛有质量浓度为

(0.01～0.02)g/mL 的亚硫酸溶液的标本瓶里保存。

3. 标本黄色、黄绿色保持方法

(1)保存液配制:30mL 6%亚硫酸,30mL 甘油,40mL 95%的酒精和水。

(2)保存方法:把标本浸入 5%的硫酸铜溶液里 1～2 天,标本清洗干净后再放入保存液内保存。如果制作果实标本,浸泡前应先向果实内注射少量的保存液。如标本是黄色的柿子,可先将标本放在 5%的硫酸铜溶液中浸泡 1～2 天并漂洗干净,再浸入 0.2%的亚硫酸水溶液,并加入少量甘油,即可长期保存。

4. 标本紫色的保持方法

(1)保存液配制:10%的氯化钠,40%的福尔马林,水。

(2)保存方法:把洗净的紫色标本直接放到盛有上述溶液的标本瓶里浸泡保存。像紫葡萄一样的果实标本则必须浸泡在福尔马林饱和食盐溶液里。在 100mL 清水里加入 36g 食盐,充分搅拌,不久食盐完全溶解,倒出上面澄清的饱和食盐溶液。取 10mL 体积分数为 40%的福尔马林,加 15mL 饱和食盐溶液,再加水到 100mL,配制成福尔马林饱和食盐溶液。选择七八成熟的、果皮完整的紫葡萄,用清水洗净,浸泡在上述溶液中两三个月,然后保存在盛有体积分数为 1%～2%的福尔马林的标本瓶里。果实经过这样处理以后,原有色泽可以保持较长的时间。

浸制标本制成以后,瓶口要加盖。两个星期左右(10～15 天)以后,如果瓶里的保存液依然洁净鲜明,可以用熔化的石蜡涂在瓶口接缝处封口,否则必须更换新鲜固定液后再封口。然后在瓶的上方贴上标签,注明名称、产地、用途、制作日期、制作人、学校等。浸制标本要放在阴凉的地方,它原有的鲜艳色泽才可以保持较长的时间,否则强烈的光线容易使标本褪色或保存液变色而影响观察效果。

尽管在制作植物浸制标本过程中,见到了一些成效,但依然存在问题:如对既有花又有叶的标本,若保住了花的原色,叶的原色则无法保持。如何同时保存多种器官的原色,还需要进一步探索。

如何在野外制作植物标本

生长在不同地区的植物有不同的特点,我们往往会在路上碰见一两株能够让你停下来观赏的花花草草。喜爱却不方便把它们带回家,我们可以想办法把它们制作成标本。恐怕再没有比你从高原、平原或者湿地带回的特有的植物标本,更有纪念价值的东西了吧?而且这个并不算麻烦的制作过程,也可以作为在路上的小游戏,让你增添在路上行走的乐趣。

在野外旅行的同时制作植物标本,会给你的旅行平添很多乐趣。植物标本最好是在植物开花期采摘,花、茎、叶、根要尽量保持齐全。采集制作植物标本,需准备植物标本夹和吸水的草纸,标本夹可以自己动手制作,用木条做两片网式架,架上要留有可绑绳索的头,两条木架之间放吸水的草纸,用绳绑好随身携带。

植物标本的制作方法

采下全株植物后,先将花瓣整理齐压放在草纸上,然后将茎、叶整理好,每片叶要展平。不能因为叶多把叶子摘掉,有一部分叶要反放,这样压好的标本叶的正反面均有。如果茎、根太长超过标本夹的长度,可将茎或根折压在纸上,然后在上面再铺几层吸水草纸,用木夹压紧绑好。

植物标本不能在太阳下晒。这样容易变色,压在标本夹内的标本每天要翻倒数次,每次换用干燥的吸水草纸,用过的纸在太阳下晒干以备下次翻倒时使用,标本夹压标本主要是靠吸水草纸,将植物的水分吸干。压好的标本,花、茎、叶的颜色不变。据说在法国沙漠尼市,人们将阿尔卑斯山上的高山玫瑰制成标本装在木板上作为纪念品出售。

在野外活动如果你没有带标本夹,可以用餐巾纸或卫生纸代替吸水草纸,夹在纸板或塑料箱板中用绳绑紧,或将植物的叶或花夹在笔记本中。

叶脉标本的制作方法

制作叶脉标本一定要选取叶质较厚、大小适中、叶面平整、叶脉丰富的叶片(如桂花叶、菩提叶),用清水洗净备用。然后把水加热,水快煮沸时把叶片放入水中,同时把水的温度调低,加热时间长短要根据叶片而定,可以过两三分钟取一叶片出来观察,直至叶片变成褐色或叶肉有脱落即可。这时要停止加热,取出叶片,放在清水里洗干净。最后把叶片放在盘子里,再加上一层水,让刷子与水平面大约成45度角,先从背面开始,刷净背面再刷正面,顺叶脉轻轻地刷净叶肉,刷时要注意向一个方向有规律的刷。刷洗干净后放到吸水纸或草纸上晾干就可以了。

如果有条件可以去玻璃厂,把植物标本压制在有机玻璃内,制成人造琥珀,这样保存的植物标本,色彩更为鲜艳。

家居植物养护

常见植物养护窍门

● 绿萝

很多人看到绿萝长了那么多绿叶子,以为肯定要晒太阳,但绿萝绝对不能放到太阳底下暴晒,"绿萝不喜欢直射光,如果直射在它身上的太阳光太猛烈,叶子很快就被晒黄,没几天就晒死了"。

● 仙人掌

"仙人掌最大属性就是耐旱。很多人抱怨仙人掌养不活,其实是因为他们浇太多水了。"唐盛发无奈地对记者说。他说,很多人有一种习惯,茶杯里剩下一点水,就直接倒到花盆里,这种习惯万万要不得,给植物浇水一大原则就是,要么不浇,要浇水必须浇透。一般花盆里的土颜色呈灰白色的时候,可以给仙人掌浇水,但一定要浇透,"所谓浇透,就是花盆底部的小洞有水流出"。

● 富贵竹

富贵竹因为其寓意美好的名字而受人们喜欢。唐盛发说,富贵竹喜欢明亮通风的环境,但容易出现叶子发黄的情况。"富贵竹一般都是水养,所以

养它的水就很重要。"唐盛发说,"自来水一定要放置两天才可以,等到富贵竹生根后,不要经常换水,等到水变少了,再往瓶子里加水就好了,不然叶子容易变黄。如果叶子发黄,将根部剪去一部分,再重新插入。"

如何防治合欢树的枯萎病

合欢枯萎病发病初期难发觉,一旦发病整株受害且难治愈,因此应以预防为主。北方地区5月初,要及时向树皮裂缝涂杀菌剂,在树冠滴水线附近打洞灌药(洞直径10厘米,深40厘米)可降低或预防枯萎病的发生。

具体防治措施:

1. 减少侵染来源。及时清除病枝、病株,集中销毁。并用20%石灰水消毒土壤。

2. 加强栽培管理。定期松土,增加土壤通气性,春秋生长旺期给合欢施肥,以增强抗病能力。

3. 药剂防治。对感病区的健康植株要预防,在合欢尚未发芽时喷5波美度石硫合剂;生长季未出现症状前,开穴浇灌内吸性药剂,如50%托布津500倍液或50%代森铵400倍液浇灌根部,每月1次,连续三四次。同时,喷洒或涂抹植株枝干,交替用药,每半月一次,连喷3至4次,效果较好。在发病盛期(6月至8月),喷2次23%络氨铜水剂250至300倍液。

如何防止吊兰叶尖干枯

盆养吊兰,在一般情况下,常出现叶尖干枯、叶片逐渐失去光泽等现象,为养好吊兰,需采取如下措施:

1. 光照适当:吊兰喜半阴环境,秋季应避开强烈阳光直射。秋季阳光特别强烈,白天需遮去阳光的50%～70%,否则会使叶尖干枯,尤其是花汁品种，更怕强光照射。金边吊兰在光线弱的地方会长得更加漂亮，黄色的金边更明显，叶片更亮泽。

2. 施肥适量：吊兰是较耐肥的观叶植物，若肥水不足，容易衰老，叶片发黄，失去观赏价值。宜每7～10天施1次有机肥液，但对金边、金心等花叶品种，应少施氮肥，以免花叶颜色变淡甚至消失，影响美观。适当施用骨粉、蛋壳等沤制的有机肥，待充分发酵后，取适量稀释液，每10～15天浇1次，可使花叶艳丽明亮。

3. 浇水适当：吊兰喜湿润环境，要经常保持盆土湿润，秋季浇水要充足，中午前后及傍晚还应往枝叶上喷水，以防叶片干枯。如吊兰上蒙尘较多，既影响其生长，又影响其美观，所以要经常对枝叶进行喷水，保持枝叶艳丽美观。下部枯叶、黄叶要随时摘去，平时要保持正常湿度，不宜干燥，也不宜过湿。

文竹养护五要点

1. 文竹喜温暖忌强光：养文竹冬季需创造15℃以上的生长环境，而夏季则应远离强光直射。

2. 文竹喜湿润怕泡根：养文竹不宜频繁浇"涝汤水"，而宜经常给叶面喷水。一般夏季配合适宜浇水，每天叶面喷1～2次水；冬季在保持土壤湿润的情况下，每3～4天叶面喷一次水即可。

3. 文竹喜肥：尤喜腐熟的有机肥，科学的施肥方法是，春秋两季每周施一次薄肥，冬季15～20天施一次薄肥。

4. 摆放文竹远离大理石类装饰材料：文竹对气体汞的吸收能力极强，但在吸收汞气体的同时，也会对自身造成严重伤害。因而，摆放文竹时，应远离大理石等释放汞气体的建筑装饰材料。

5. 及时修剪：过密的枝条要及时修剪。滋生的蘗根过多要及时疏除或分盆。同时还要注意捆绑、搭架，以保持疏密有致的造型。

君子兰花期前后的护理

君子兰的生长周期长，一般要培育四五年，长到 20 片到 25 片叶子才能开花，培育得好的也有二三年就能射箭开花，有的甚至不到两年就射箭开花了。多数君子兰一般一年只能射一支箭，开一次花，也有因培育得法的一年会射二三支箭。但是，也有的君子兰养了六七年也不射箭开花，还有的开了一次花就不开了。君子兰的花期在 2～4 月，开花后可用适当降温通风和减少光照的方法去延长花期。君子兰花期的长短，足可以通过人们莳养技术进行控制的。

1. 君子兰花期前应加施一次骨粉，或发酵好的鱼下水，豆饼水，过磷酸钙。这样可使花色鲜艳，花朵增大，叶片肥厚，否则，易导致花朵小，数量少，花色淡的情况。此外，应注意避免氮肥使用过多，磷钾肥料不足，以致生长衰弱和叶子徒长，影响显蕾开花。

2. 光照：要给予一定的光照条件，以满足光合作用和开花对光照的要求。强光照下,花期短,花色艳;弱光下,花期长,但花色淡;光照太长、太强或长期荫蔽均影响养分制造积累,会造成不能显蕾开花。

3. 温度对开花效果的好坏有明显的影响。温度过高根毛存在时间极短,吸收水肥的功能大幅度减退,使君子兰呈现半休眠状态;温度低于10℃也会使生长受到抑制;生长期应控制在15～25℃,花期应在15～20℃。这样,根毛存在的时间长些,水肥的吸收功能要好些,叶片就长得短且宽,花势茂盛。还应注意君子兰昼夜要保持8℃左右的温差,因为它在白天较高温度条件下制造有机物是需要在夜间较低温度条件下贮存和消化的。

4. 水分:君子兰在整个植株生长期间不能缺水,否则会影响生长。进入开花期需水量更大,生长湿度不低于60%,最多不超过80%。

5. 夹箭的预防:君子兰往往会产生花葶抽不出来的夹箭现象,这一点应注意如下各点:

(1)换土时,要把根部的土轻轻按实,否则,会因盆土的空隙过多,往往会使水分、养分不易到达根部,使根部出现局部经常性过干现象,造成夹箭。

(2)温度不宜低于20℃,或高于25℃,或昼夜无温差的恒温状态,要有温差。

(3)要防止因盆土板结造成缺氧和营养不良造成夹箭。

(4)冬季室内阳光光线应使之尽量充足。

(5)花前要选择异花著名品种的君子兰为父本进行人工辅助授粉3～4次,尽量避免自花受粉,否则不仅结实率不高,且会引起后代品种退化。

(6)花朵凋谢后,需要换盆换土,操作时把陈腐叶、土扒除,注意勿碰断肉质根,并加入蹄片作基肥。平时,还要注意防病虫害,保证植株正常生长。

怎样养好发财树

发财树性喜温暖、湿润,向阳或稍有疏荫的环境, 生长适温 20℃至 30℃。夏季的高温高湿季节,对发财树的生长十分有利,是其生长的最快时期,所以在这一阶段应加强水肥管理,使其生长健壮。冬季,不可低于 5℃,最好保持 18℃至 20℃。忌冷湿,在潮湿的环境下,叶片很容易出现溃状冻斑,有碍观赏。

发财树对光照要求不严,无论在强烈日照或弱光室内均能适应。但全日照能使茎节短,株型紧凑、丰满,特别是对主要的观赏部位,膨大的干茎有增粗作用。光线不足,培养的树体增长较慢。栽植的小苗放在阴凉处,不要光线太暗,否则,会使植株生长又细又高,使植株提前达到编瓣的高度,影响造型。无论在什么环境下莳养,放置的地方都不要突然改变,改变位置要有一个逐步适应的过程,如突然将植株从荫处转移到强光下,会使叶面灼伤、焦边,影响美观。

平时盆土保持湿润,冬天盆土偏干,忌湿;否则,叶尖易引起枯焦,甚至叶片脱落,每 1 年至 2 年进行修剪及换盆一次,并逐年换稍大点的盆,同时要增添基肥,更换新的营养土,使其苗壮生长。营养土可用园土 5 份加锯屑 2 份和砂 2 份及花生饼粉少许,此外再加过筛垃圾和煤渣 1 份拌匀即可。一般 20 天左右追施一次薄肥。对于花株应多施磷肥,以促进茎基部肥大,提高观赏价值。生长旺季要少施氮肥以防植株徒长;经常向叶面喷水保持湿润,就能让它生长健壮。

发财树的修剪,若是家庭栽培的,因室内空间小,株形不宜过高。如长高后而影响观赏时,可短截枝条,使之矮化。繁殖方法:在春夏秋生长期,把短截修剪下来的枝条,长约 10 厘米至 15 厘米,扦插在沙盆内保持阴湿。30天左右生根成活，但扦插成活的发财树，茎干基部无肥大形状，而播种繁殖的发财树植株，则能保持母本的这一肥大特性。因此，园艺专业户的商品生产，一般多用播种来繁殖发财树苗。

北方地区怎样才能养好兰花

兰花又叫兰草，是我国的特产花卉，也是被公认的我国十大名花之一。兰花多生自南方的山野沟壑，香味清雅，姿态清秀，一直为古今诗人画家所赞誉。喜爱兰花的人们确实不少。南方养兰，犹如北方养马莲一样简单，因为南方那潮湿的气候，微酸性的水土，是兰花生长的最好"温床"。但北方呢，尤其是华北许多地区，土壤是偏碱的，水是偏碱的，空气是干燥的，与兰花的原生环境形成强烈的对比。这样的气候和土壤等环境条件，不适宜性喜湿润环境，宜半阴，要求酸性土壤的兰花生长发育，因此在培育时常易引起生长不良，黄叶烂根，甚至全株死亡。因此人们从南方带来兰花，要不了多久，就会慢慢由生长不景气直到死亡。有人以为兰花娇气，不好养护，进而放弃养兰。

北方地区若要养好兰花，应尽量创造适合其生长发育的环境条件，满足兰花生物学特性的要求，才能使其生长开花良好。具体要做好以下几项工作：

选择好用盆和培养土

一般家庭养兰，盆的选择还是以泥盆为好。如为装饰效果增加美感，可在泥盆外面套个彩釉的瓷盆。盆的大小以兰根能在盆内完全舒展开为宜。盆土最好用兰花泥。也可自行调制。可用腐叶土或泥炭土6份、沙土3份、饼肥1份，或用腐叶土5份、堆肥土3份、粗沙2份混匀配制。上盆方法参见：兰花的选购常识和栽培技术。

浇水要适量

兰花的浇水是一项经常性的工作，也是兰花栽培成功与否的重要环节。兰花的盆土要经常保持湿润，但忌含水量过多。在栽培中应根据季节的不同和兰花生长阶段的不同决定浇水量。一般从春季开始，随温度的上升，兰花转入旺盛生长期，应逐渐增加浇水量，每隔1～2天浇1次水；夏季气温高，又是兰花生长旺期，通常宜于清晨和傍晚各浇一次水，切忌中午浇水。雨季来临，要根据雨水的多少和盆土的潮湿程度灵活掌握浇水量，切忌盆土积水而引起根系腐烂；秋末，气温开始下降，应逐渐减少浇水量，每隔2～3天浇1次即可；冬季温度低，大多数兰花进入休眠期，此时要控制浇水，可每隔5～7天浇1次水，唯冬季开花的墨兰和寒兰浇水量应适当多些。

薄肥要巧施

给兰花施肥要施薄肥，切忌施浓肥，有"清兰花，浊茉莉"之说。一般地说，新栽的兰株，第一年不宜施肥；从第二年清明以后开始施肥，直到立秋为止。可每月施1～2次充分腐熟的稀薄饼肥水。由于兰花系肉质根，切勿施未经腐熟的肥料，以免烂根。每次施肥前要控水1～2天，待盆土稍干些再施。施后第二天早晨要浇一次水，以防肥液中有不洁之物污染根系使兰根受害。施液肥时要注意避免溅污叶片。对于经过几年培养已到花龄的兰株来说，前期以施氮肥为主，以促进新芽萌发并快速生长；后期以施磷钾肥为主，有利假鳞茎增大，叶宽厚，并为花芽分化提供足够的养分。具体地讲，每年秋季花芽分化前宜连续施两次以磷钾肥为主的液肥；孕蕾期于晴天傍晚先用清水洗净叶片，待干后再用小喷雾器把0.2%的磷酸二氢钾溶液喷洒在叶面及叶背，或根施草小灰水。这时的根外施肥对促进兰花的根、茎、花的发育均有益。花谢以后20天左右再施两次以氮肥为主的液肥或复合化肥，可促进植株生长。阴雨天勿施肥,冬季休眠期也要停止施肥。

光照要适宜

兰花性喜荫蔽、凉爽环境,忌阳光直射。故北方 4～5 月上旬上午 9 时前可适当多见些阳光,5 月中旬以后需要遮阴,此时需放至凉爽通风处培养,尤其夏季遮阴度更要大,切忌烈日暴晒。中国兰花耐阴程度以墨兰最甚,秋兰次之,而春兰和夏兰则需阳光较多。光照是兰花形成花芽的重要因素,虽然在春、夏、秋三季兰花生长期间都需要适当遮阴,但常年将兰花放在荫蔽地方不使其接受阳光也会影响花芽分化,导致开花少或不开花。故秋凉以后应让各种兰花都多晒太阳或放在室内具有明亮散射光处和通风良好的地方;冬季放在南窗附近,接受较多的光照,以增强其生命力,促进花芽分化。尤其对冬季开花的墨兰、寒兰更应在冬季放室内向阳处,没有光照是开不好花的。

总之,养兰应做到"春不出,夏不日,秋不干,冬不湿",意思是春忌寒风侵袭,不要移出室外;夏季怕阳光直射,应放置在凉爽通风处;秋忌盆土干燥,此时正是兰花孕蕾期,应适当增加浇水量;冬季处于休眠状态,水多易烂根,以间干间湿为原则。

极品蝴蝶兰养护管理技巧

蝴蝶兰为兰科蝴蝶兰属植物,原产于亚洲热带地区,蝴蝶兰花大色艳,花形别致,花期长,被誉为"洋兰皇后"。全属有原种约 40 余个,分布于亚洲与大洋洲热带和亚热带地区,多生于阴湿多雾的热带森林中离地 3 至 5 米的树干上,也有长于溪涧旁的湿石上。在欧洲,蝴蝶兰主要在温室中栽培,以荷兰生产量较大;在亚洲,泰国、新加坡、马来西亚、菲律宾和我国都盛产蝴蝶兰,主要出口欧美国家和日本。日本是亚洲最大的蝴蝶兰进口国,美国、加拿大也是较大的蝴蝶兰进口国。

现将蝴蝶兰的优良品种及管理技术介绍如下:

蝴蝶兰优良品种

1. 形态特征：蝴蝶兰为多年生常绿草本。
茎短，叶大。花茎长，拱形。花大，蝶状，密生。
外观上都具 6 瓣，其中 3 瓣为萼片，3 瓣为花
瓣。向上的一片为上萼片，左右倾斜的两片叫
下萼片，至于左右两肩的两大片叫做花瓣，最下
的一片突变成唇瓣。除了株形的变化外，唇瓣
也是一个很好的特征，大部分的蝴蝶兰唇瓣会
分裂成两条触角般的短须，使其更神似蝴蝶。

2. 主要优良品种：白色系列有："白雪公主"（花白色，唇瓣桃红色）、
"快乐天使"（花白色，唇瓣黄白色）、"都市女孩"（花白色，唇瓣深红色）、
"春季天使"（花纯白色）、"春姑娘"（花白色，唇瓣红色）、"西部美人"（花
白色，唇瓣玫瑰红色）等。

红色系列有："兰花红""清香美人"（花粉红色，唇瓣桃红色）、"七巧
玫瑰"（花桃红色，唇瓣深红色）、"草莓女王"（花桃红色具彩色条纹，唇瓣
有金黄色点缀）、"婚宴"（花数量多，排序整齐，花桃红色，唇瓣深红色）、
"满天红"（多分枝，花紫红色）、"欢乐情人节"等。

黄色系列有："宇宙之辉""黄色劳仑斯""台大巴巴拉""梦幻兄弟"
"幻想曲""兄弟女孩"等。

特殊品种系列有："红宝石""西部春天""西部虎头""兰花世界""永
春国王""西部魔法""国色天香""快乐颂""白天鹅""兄弟之辉""爱莉
莎"等。

栽培管理

蝴蝶兰的栽培管理方法主要是控制室内温度、湿度、光照和通风等
方面的需求，从而生产出符合商品要求的盆栽蝴蝶兰。

1. 温度管理：蝴蝶兰喜温暖、多湿和半阴环境。生长适宜温度白天

为 25℃至 28℃,晚间为 18℃至 20℃。当夏季温度在 35℃以上或冬季温度在 10℃以下时,蝴蝶兰则停止生长。若持续低温,根部停止吸水,形成生理性缺水,植株就会死亡。蝴蝶兰花芽分化不需高温,温度以 16℃至 18℃为宜。蝴蝶兰的温度管理应随其生长阶段的不同而有所区别。幼苗白天最高温度 30℃,夜间最低温度 21℃为宜;中苗白天最高温度 28℃,夜间最低温度 19℃为宜;大苗(开花株)白天最高温度 28℃,夜间最低温度 18℃为宜。若温室内最高温度超过 35℃,蝴蝶兰则会处于休眠状态并停止生长;如果温度高达 45℃时就会出现由于浇水灼热而导致的叶片腐烂现象。

2. 湿度管理:适宜湿度高的环境,因没有粗壮的假球茎储存水分,如果空气湿度小,则叶面容易发生失水状态。因此,栽培蝴蝶兰最怕空气干燥和干风,温室内的空气湿度过高或过低,这对兰株的生长开花均不适宜。幼苗期在栽植的第一个月需要的湿度应在 50%以上,以后在整个生长期内需要的湿度宜控制在 60%至 80%。如超过此湿度时就要设法开窗透气或使用除湿机加以调节。

3. 水分管理:掌握见干见湿的原则。春秋两季每 3 天浇水一次,夏季每 2 天一次,冬季可 4 至 5 天浇一次。此外,小苗应浇灌较少的水量,开花株应增加水量。浇水时间夏季应在太阳下山后进行,其他季节应在早晨和气温未升高前进行。

4. 光照管理:一般而言,蝴蝶兰的光照量以其叶片不受灼伤的程度为界限,光线越强,生长越好。生长时期适宜光照为 5000 至 8000 勒克斯;低温催花适宜光照为 7000 至 9000 勒克斯;完成开花适宜光照为 8000 至 12000 勒克斯。温室内的遮光率,7 至 8 月应为 60%至 70%;5 至 6 月和 9 月为 30%至 50%;冬季原则上可不用遮光。

5. 通风管理:温室内的通风状况好坏直接对盆栽蝴蝶兰的生长产生影响,通风不良常会导致病虫害的滋生和落花、落蕾现象。一般当室温高达 28℃以上时就要设法开窗通风换气,必要时还需启动风机抽风吹拂;冬季开花季节,每日或隔日应换气一次,以确保开花植株的顺利生长。

6. 施肥管理:常用于温室蝴蝶兰的化学肥料有磷酸二氢钾、复合肥以及一些兰花专用花肥等。施用方法为加水至 2000 倍稀释液后用人工喷施或加入自动喷灌系统中喷洒。按蝴蝶兰生长期的不同,施用化学肥料的成分应有所区别,其肥料氮、磷、钾的比例是,中小苗营养生长阶段为 20∶20∶20;大苗和开花植株为 7∶11∶27。施肥间隔时间应以 7 至 10 天喷施一次为宜。

7. 病虫害防治:常见有褐斑病和软腐病危害,可用 50%多菌灵可湿性粉剂 1000 倍液喷洒。虫害有介壳虫和粉虱危害,用 2.5%溴氰菊酯乳油 3000 倍液喷杀。

8. 花后处理:花枯萎后,可将花茎从基部剪去,当基质老化时,应及时更换。

蟹爪兰的修剪和施肥

种养的蟹爪兰花蕾大小不一、总量少的原因,可能与施肥种类失衡、营养不足、室温偏低等因素有关。对已现花蕾的蟹爪兰,应坚持每隔 10 天施一次薄肥,种类如磷酸二氢钾,浓度在 0.2 左右,也可使用多元复合肥;一般情况下,对已现花蕾的蟹爪兰,冬季室温应维持在 10℃以上,并略有光照,且盆土宜偏干,不能浇水过多或经常过湿。

蟹爪兰的修剪、疏蕾、绑扎工作有:春季花谢后,及时从残花下的 3 片

至 4 片茎节处短截,同时疏去部分老茎和过密的茎节,以利于通风和居家养护;在蟹爪兰的培育中,有时从一个节片的顶端会长出 4 个至 5 个新枝,应及时剪去 1 个至 2 个。

茎节上着生过多的弱小花蕾,也要摘去一些,可促成花朵大小一致、开花旺盛;培养 3 年至 5 年的植株,可用 3 根至 4 根粗铅丝作支柱,沿盆壁插入土中,上部扎成 2 层至 3 层圆形支架,将节枝捆扎于圆环上,以避免茎节叠压和散乱,同时剪去一些参差不齐的茎节,使植株呈伞状,这样方可有益于光合作用和陈列观赏。

为了控制株形过大,使之适于作室内陈设,当整个植株的蓬径达 50 厘米以上时,可在春季将茎节短截,并疏去一部分衰老和过密的枝条,经过疏剪后长出的新枝会显得嫩绿苗壮,开花将更加繁茂。值得注意的是修剪应在晴天进行,不要在雨天、也不要在夏季进行修剪。

蟹爪兰的施肥应注意以下几个方面:蟹爪兰 3 月份开花后,有一段短时间的休眠期,应停肥控水,直至茎节上冒出新芽,才给予正常的水肥管理;生长季节每隔半月施稀薄氮肥一次,不要玷污茎节,以利于变态茎的营养生长。

蟹爪兰可每隔 2 年换盆一次,通常在 3 月至 4 月进行,除在盆底应加垫约 3 厘米厚的沙石子,以利于滤水,还应在培养土中加入含磷较多的腐熟禽类鸽屎、碎骨鱼鳞等,但根系不要直接与肥料接触;当气温达 30℃以上时,植株进入半休眠状态。

此时不仅要避开烈日和雨淋,而且应将其搁放于湿润阴凉处,同时停肥控水,以防植株烂根;秋冬季为蟹爪兰的孕蕾开花期,9 月下旬可稍见阳光,10 月中下旬再给予全光照,可促成花芽分化、多孕花蕾,此时宜每隔 7 天至 10 天追施一次含磷较多的液肥,直至开花时才停止施肥。

植物养生

在家中摆放绿色植物的学问

1. 菊花

一是"地道药材"，二是可以净化空气。菊花味苦、甘、性平、无毒。其主要成分是菊甙、腺嘌呤、氨基酸、胆碱、水苏碱、黄酮类等，还含有维生素A、B族。泡菊花作饮料，可以消暑、降热祛风；入药具有清头目、利血脉、除湿痹、养肝明目、祛风解毒之功，对久患头风头疼、眩晕，以及高血压、眼底出血者，均有明显疗效。

菊花不但能美化环境，使人赏心悦目，更具有净化空气的奇特功能，被称为空气的"卫士"。据科学家观察研究，菊花不畏烟尘污染，对于一些有害气体有不同程度的吸收和净化能力。特别是母菊花，在使人生畏的较高浓度的二氧化硫的空气中，竟能茁壮成长、枝繁叶茂，比其他的植物抗污和净化能力强许多。因此在居住区多栽种菊花，对净化空气和人体健康大有好处。

2. 文竹

消灭细菌和病毒的防护伞。文竹含有的植物芳香有抗菌成分，可以清除空气中的细菌和病毒，具有保健功能，所以文竹释放出的气味有杀菌抑菌之效，此外，文竹还有很高的药用价值，挖取它的肉质根洗去上面的尘土污垢，晒干备用或新鲜即用。叶状枝随用随采，均有止咳润肺凉血解毒之功效。

3. 君子兰

释放氧气,吸收烟雾的清新剂。一株成年的君子兰,一昼夜能吸收 1 升空气,释放 80% 的氧气,在极其微弱的光线下也能发生光合作用。它在夜里不会散发二氧化碳,在十几平方米的室内有两三盆君子兰就可以把室内的烟雾吸收掉,特别是北方寒冷的冬天,由于门窗紧闭,室内空气不流通,君子兰会起到很好的调节空气的作用,保持室内空气清新。

4. 橡皮树

消除有害物质的多面手。橡皮树是一个消除有害植物的多面手。对空气中的一氧化碳、二氧化碳、氟化氢等有害气体有一定抗性。橡皮树还能消除可吸入颗粒物污染,对室内灰尘能起到有效的滞尘作用。

5. 银皇后

以它独特的空气净化能力著称。空气中污染物的浓度越高,它越能发挥其净化能力。因此它非常适合通风条件不佳的阴暗房间。

6. 铁线蕨

每小时能吸收大约 20 微克的甲醛,因此被认为是最有效的生物"净化器"。成天与油漆、涂料打交道者,或者身边有喜好吸烟的人,应该在工作场所放至少一盆蕨类植物。另外,它还可以抑制电脑显示器和打印机中释放的二甲苯和甲苯。

美化生活环境的植物

好多人喜欢在室内养植物,既美化环境又净化了空气,何乐而不为。但是,适宜的花草对人有益,不适宜的花草反而会造成室内污染。因此室内养花应该注意：

选择好品种,室内最适宜选择四季常青的花木或能吸收有毒气体的品种,如吊兰、文竹、万年青、仙人掌、龟背竹、常青藤等。

龟背竹

龟背竹又名龟背蕉、蓬莱蕉、电线莲、透龙掌,常绿藤本植物。花谚说,龟背竹本领强,二氧化碳一扫光。它夜间有很强的吸收二氧化碳的特点,比其他花卉高 6 倍以上。

美人蕉

美人蕉又名红花蕉、苞米花、凤尾花、宽心姜。花谚说,美人蕉抗性强,二氧化硫它能降。它对二氧化硫有很强的吸收性能。

石榴

石榴又名安石榴、海石榴、丹若。花谚说,花石榴红似火,既观花又观果,空气含铅别想躲。室内摆一两盆石榴,能降低空气中的含铅量。

石竹

石竹又名洛阳花、草石竹,多年生草本植物,石竹种类很多,夏秋开花。花谚说,草石竹铁肚量,能把毒气打扫光。它有吸收二氧化硫和氯化物的本领,凡有类似气体的地方,均可以种植石竹。

海桐

海桐又名宝珠香、七里香,为常绿灌木,夏季开花,叶片嫩绿光亮,四季常青不凋。花谚说,七里香降烟雾,又是隔音好植物。它能吸收光化学烟雾,还能防尘隔音。

月季、蔷薇

花谚说,月季蔷薇肚量大,吞进毒气能消化。这两种花卉较多地吸收硫化氢、氟化氢、苯酚、乙醚等有害气体,减少这些气体的污染。

雏菊、万年青

雏菊又名延命菊、春菊、小雅菊、玻璃菊、马兰头花。花谚说,雏菊万年青,除污染打先锋。这两种植物可有效地除去三氟乙烯的污染。

菊花、铁树、生长藤

花谚说,菊花铁树生长藤,能把苯气吸干净。这三种花卉,都有吸苯的本领,可以减少苯的污染。

吊兰、芦荟

花谚说,吊兰芦荟是强手,甲醛吓得躲着走。这两种花卉可消除甲醛的污染,使空气净化。

不宜养的花　丁香、夜来香在夜间能散发刺激嗅觉的微粒,对高血压和心脏病患者有不利影响;夹竹桃的花香能使人昏睡、智力降低;洋绣球散发的微粒会使人皮肤过敏发生瘙痒;郁金香的花朵有毒碱,过多接触易使人毛发脱落;松柏类花小散发出的油香,会影响人的食欲。

不养相克花　玫瑰和木樨草在一起,木樨草就会凋谢,但木樨草在凋谢前会放出一种物质使玫瑰中毒死亡。虞美人、兰花、石竹花、紫罗兰、百合花等草花和别的花卉难以相处,造成植株死亡。

病人室内不养花　花盆中的泥土产生的真菌孢子会扩散到室内空气中,引起人体表面或深部感染,还可能侵入人的皮肤、呼吸道、外耳道、脑膜及大脑等部位。这对原本就患有疾病、体质不好的患者来说,如雪上加霜,特别对白血病患者和器官移植者危害更大。

室内养植物虽好,但不适宜的植物就不太好了。所以室内养植物一定要注意。

巧用植物打造绿色家居健康生活

推荐一:月季

月季就是我们常说的玫瑰,它能给我们带来甜蜜温馨的浪漫感觉。把它摆放在家中不仅可以给我们带来美感。更重要的是它能够较多的吸收氯化氢,硫化氢,一氧化碳等有害气体,净化室内空气。

推荐二：绿萝

绿萝对于净化空气，化解装修后的有毒气味方面，有着惊人的功效。把这样一盘绿意盎然的垂吊植物，放置在厨房，还可以有效的稀释掉空气中的油烟味。

推荐三：芦荟

据研究调查，在 24 小时照明的条件下，芦荟可以消灭 1 立方米空气中所含的 90％ 的甲醛。如果你搬至了新家，不妨摆上一两盆芦荟，而且芦荟还有很好的美容功能。它的自愈能力极强，你还可以取来做面膜。

推荐四：常春藤

像常春藤这类线性植物，是家居立面装饰的好帮手。而且据研究调查，一盆常春藤能消灭 8～10 立方米空气中所含的苯，而且它还能有效的抵制尼古丁中的致癌物质，如果你家人能吸烟，一盆常春藤会是你的好帮手。

推荐五：仙人掌等多浆植物

电脑一族，一定要在电脑旁边摆放上一盆哦。它们既有很强的吸收辐射的能力，而且更难能可贵的是，它们在夜间具有制造氧气的功能，可以使室内的负离子浓度增加。

推荐六：紫罗兰

紫罗兰总会给人高雅的感觉，是一种非常适合摆放在卧室的植物。它可以使人放松，精神保持愉快。还有助于提高你的睡眠质量。

室内最适合摆放的绿色植物

发财树是天然"加湿器"

在室内摆放植物不仅美观，还能调节室内温度和湿度。植物通过根吸收的水分，只有 1％ 用来维持自己的生命，其余 99％ 都释放到空气中。让绿色植物"加湿"最好的办法就是给它们充足的阳光，以增强其蒸腾作用。

有着天然"加湿器"作用的首推发财树。在光
线较弱或二氧化碳浓度较高的环境下,发财树仍
然能够进行高效的光合作用,对于空气浑浊的室
内,这种植物再合适不过了。发财树应放置于室
内阳光充足处。每间隔 3 天～5 天,用喷壶向叶
片喷水一次,这样既利于光合作用的进行,又可使
枝叶更显美观。

虎尾兰是植物"制氧机"

由于室内植物在晚上不进行光合作用,只进
行呼吸作用,所以很多人担心它们会在晚间排出
二氧化碳,影响室内空气。其实,可以利用特殊植
物在晚间清除二氧化碳,它们就是常见的仙人掌
和多肉植物,这对于提高昼夜空气质量大有帮助。
仙人掌和多肉植物白天为了控制水分流失而关闭
气孔,等到晚上才打开气孔大量吸收二氧化碳,这
和其他观叶植物完全相反。如果白天把仙人掌和
多肉植物放在光线强烈的地方长时间照射,晚上
的吸收效果会更好。

虎尾兰又称虎皮兰、千岁兰,为龙舌兰科多年生草本观叶植物。叶
片直立,质地肥厚,线状披针形,叶面上有白色和深绿相间的"虎尾"状横
带斑纹,奇特有趣。虎尾兰可有效吸收夜晚二氧化碳,还可以有效去除
空气中的甲苯,与其他植物相比,含有更多的阴离子。虎尾兰适应性强,
性喜温暖湿润,耐干旱,喜光又耐阴,养护比较容易,把它放置在阳光充
足或半阴的环境,土壤宜偏干,排水要求良好。生长期最多每周浇水 1
次,冬季休眠期 10 天～15 天浇水 1 次。8℃～25℃时可置于直射阳

光下。

橡皮树是绿色"吸尘器"

在封闭的室内摆放一些植物,粉尘减少的速度比没有植物时明显快许多。室内空气中的粉尘主要来自于吸烟、暖气、烹饪、办公设备以及建筑材料的磨损和热化。粉尘分为两种,一种是降尘,由于颗粒较大,一般会自然降落至地面;另一种叫飘尘或可吸入颗粒物,颗粒较小,总是处于悬浮状态,香烟烟雾就属于这一种,而室内摆放的绿色植物是对付这些细小微粒的有力"武器"。飘尘上带有电荷,当它们接近不带电的植物时,就会被吸附在植物表皮上。因此,在香烟烟雾较集中的地方,除多放些绿色植物外,还应经常用喷壶冲洗或擦拭叶面,这样吸尘效果会更好。

橡皮树具有独特的净化粉尘功能,也可以净化挥发性有机物中的甲醛。橡皮树喜欢阳光充足的地方,这样可以保证进行旺盛的光合作用和蒸腾作用。对于灰尘较多的办公室则最适合摆放在窗边。橡皮树不耐寒,因此冬季不要放在温度较低的地方。每2～3年换盆一次。

巧用植物清除新房异味

新装修的房子,总会或浓或淡的有一些异味,如何清除异味,方法很多,最好的方法是让房间通风。

除此之外,有关人士建议:有选择地给新居摆放一些植物,对净化空气更有帮助。那么,摆放什么植物合适呢?

吊兰　据了解,有一种吊兰——也叫"折别鹤",不但美观,而且吸附有毒气体效果特别好。一盆吊兰在8～10平方米的房间就相当于一个空气净化器,即使未经装修的房间,养一盆对人的健康也很有利。

仙人掌　大部分植物都是在白天吸收二氧化碳释放氧气,在夜间则相反。仙人掌、虎皮兰、景天、芦荟和吊兰等都是一直吸收二氧化碳释放氧气的。这些植物都是非常容易成活的。

平安树　目前,市面上比较流行的平安树和樟树等大型植物,它们自身能释放出一种清新的气体,让人精神愉悦。平安树也叫"肉桂"。在购买这种植物时一定要注意盆土,根和土结合紧凑的是盆栽的,反之则是地栽的。购买时要选择盆栽的,因为盆栽的植物已经本地化,容易成活。若想尽快清除新居的刺鼻味道,可以用灯光照射植物。植物一经光的照射,生命力就特别旺盛,光合作用也就加强,释放出来的氧气比无光照射条件下的要多几倍。

室内保湿10种最佳植物

水养植物有下面几个优点:

其一,由于水分可以自由蒸发,在同样环境中,比盆土栽培的植物在调节空气湿度方面具有更明显的作用;其二,水养植物可省略掉盆土的管理工作,清洁卫生,养护简单;其三,如选用一些根系可以暴露在光下的植物,配上适宜的容器,植物全株都可以观赏,清新淡雅,具有更高的观赏价值。

水养植物有两大类:

一类是水生花卉,它们在自然界中就生长在水里,如我们熟悉的荷花、睡莲;另一类是可以水培的花卉,一般情况下它们生长在土壤或栽培基质中,如富贵竹、风信子等。由于居室内光线不够充足,更适宜栽培后一类。另外,它们对养分要求低,基本能在自来水中生长,有些也只需要添加少量营养液。

下面,就为大家介绍适合家中或办公室内10大水养植物:

富贵竹

百合科龙血树属常绿直立灌木,很适用于室内水养花卉。富贵竹的叶片翠绿,茎干笔直,圆形似竹。叶卵形先端尖,叶柄基部抱茎。它是极耐阴植物,在弱光照的条件下,仍然生长良好,挺拔强壮。可以长期摆放在室内观叶,不需要特别养护,只要有足够的水分,就能旺盛生长。水培时,将富贵竹茎干切成 20 米以上的小段作为插穗插在水中,只要插穗的 1/3 能浸在水中就可生根成活。

吊兰

百合科多年生常绿宿根草本花卉,叶丛生,线形,边缘或中间有纵的黄白色条纹。夏秋之际,从叶间抽出细长柔韧下垂的匍匐枝,顶端或节上萌发嫩叶和气生根,开白花。吊兰可在室内水养,不仅可以净化空气,而且外形美观、管理简便。将盆栽吊兰挖出,去根部泥土,剪去老根、烂根,留下须根,放入容器瓶内,瓶里装入清水和花卉营养液,让吊兰根部浸于水中生长即可。

绿萝

天南星科绿萝属植物,属于攀藤观叶花卉。性喜温暖、潮湿环境,藤长可达数米,节间有气根,叶片会越长越大,叶互生,常绿。萝茎细软,叶片娇秀。水养很简单,保证 2 至 3 天换一次水,配以简单的营养素。绿萝具有很高观赏价值,蔓茎自然下垂,既能净化空气,又能充分利用了空间,为呆板的柜面增加活泼的线条、明快的色彩。

常春藤

五加科,常春藤属,是最理想的室内外垂直绿化品种,常绿藤本,枝蔓细弱而柔软,具气生根,能攀援在其他物体上。叶互生,叶片三角状卵形,盆栽需要量日渐增多。它是典型的阴性植物,能生长在全光照的环境中,在温暖湿润的气候条件下生长良好,不耐寒。水养简单,生命力强。

文竹

百合科天门冬属,多年生常绿草本花卉。茎细弱,枝纤细呈叶状,水平开展。花小,白色。浆果球形,黑色。果实成熟后,呈现出浓绿丛中点点红的景象,清雅可爱。植株耐阴性强,摆在床头、桌案,文雅大方,是一种很好的室内花卉。文竹也是理想的切花衬托材料。近年来,已经成功开发出水养文竹,置于居室内更是清雅。

风信子

又名洋水仙,属百合科风信子属,多年生草本,鳞茎球形或扁球形,外被皮旗呈紫蓝色或白色等,叶基生,叶片肥厚,带状披针形。花茎从叶茎中央抽出,总状花序,花姿娇美,五彩缤纷,艳丽夺目,清香宜人。性喜阳光充足和凉爽湿润的环境,既适合盆栽,又适宜水养。水养时,将其鳞茎置于水培营养液中,外形洁净,观赏性强!

花叶万年青

百合科植物,基生叶厚革质,倒披针形、宽披针形或宽带状,长10～40厘米,宽2.5～5.5厘米,顶端急尖,基部狭长,节处有须根。花茎短粗,连花序长4～8厘米;顶生肉穗花序长椭圆形,花密生,无柄,淡黄色,半球形。品种丰富,有绿叶、花叶等多种类型。喜阴湿环境,夏季放置在荫蔽处,以免强光照射。是适应性较强的观赏花卉品种,通常为盆栽观赏,近年来,水养品种越来越多,不仅观赏性强,而且可以有效清洁室内空气污染。

千年木

龙舌兰科常绿灌木。茎干圆直,叶片细长,新叶向上伸长,老叶垂悬。叶片中间是绿色,边缘有紫红色条纹。性喜高温多湿,也耐旱、耐阴,水养简便,外形时尚。

巴西木

学名香龙血树,别名巴西铁树,为百合科龙血树属植物。常绿乔木,株形整齐,茎干挺拔。叶簇生于茎顶,长 40～90 厘米,宽 6～10 厘米,尖稍钝,弯曲成弓形,有亮黄色或乳白色的条纹;叶缘鲜绿色,且具波浪状起伏,有光泽。花小。黄绿色,芳香。性喜光照充足、高温、高湿的环境,亦耐阴、耐干燥,在明亮的散射光和北方居室较干燥的环境中,也生长良好。巴西木多采用扦插法繁殖。只要温度等条件适合,巴西木一年四季都可生长,是一种株形优美、规整、世界著名的新一代室内观叶植物。近年来,其水培品种发展迅速,只要配以足够的缓释肥料即可正常生长,旋转在客厅、书房、起居室内摆放,格调高雅、质朴,观赏性很强。

非洲菊

菊科宿根草本,花径较大,花色丰富,四季常开。喜温暖、阳光充足和空气流通的环境,属半耐寒性花卉,喜肥沃疏松。非洲菊是很好的切花品种,水养时间长,观赏性高,而且还是吸收甲醛的好手。

提醒:

水养这些植物一般不需特殊管理。有一定体积可供根系伸展的容器都可以使用,而瓶口开敞的玻璃容器,对保持水质和根系生长更为有利。在栽植时应避免叶子浸入水中,以免造成腐烂;放置在适宜的光照条件下,很快就能生根;发现水少时添些水,以防根系干燥;水变得污浊时,取出植物,清洗容器,重新灌水即可。一般水养植物,三天换一次水,施一次营养液,营养液的配比和多少视植物大小而定。

选对植物,小型盆花为厨房增色

你想在花园里做饭吗?你想每天做饭就像在野外烧烤吗?如果选对了植物,并且摆放得当,可以满足你的梦想。

厨房一般面积较小,且设有炊具、橱柜等,因此摆设布置宜简不宜繁,宜小不宜大。橱房温度、湿度变化较大,应选择一些适应性强的小型盆花,如三色堇等。具体来说可选用小杜鹃、小松树或小型龙血树、蕨类植物,放置在食物柜的上面或窗边,也可以选择小型吊盆紫露草、吊兰,悬挂在靠灶较远的墙壁上。

此外,还可用小红辣椒、葱、蒜等食用植物挂在墙上作装饰。值得注意的是,厨房不宜选用花粉太多的花,以免开花时花粉散入食物中。

可在窗旁、橱柜顶部或盛物架空置处摆上吊兰;还可在空置的台面上用一些蔬菜的剩余物,如萝卜、白菜等带叶的茎端部分插入盛水浅盘中作为点缀,也会体现出厨房的特点与气氛。

厨房是油烟最重的地方,因此需要选择那些生命力顽强、体积小并且可以净化空气的植物:吊兰、绿萝、仙人球、芦荟都十分不错。注意,由于厨房的烟尘和蒸汽不利于植物生长,因此最好定期给花草"洗澡"。万年青放在下水口处还可以防蟑螂。

花草扮家居植物特性需注意

住在钢筋水泥建成的高楼大厦,早已感受不到我们儿时四合院那般的贴近自然,于是人们便在屋内养一些小植物加以弥补,既能陶冶情操又能净化空气,美化环境的同时还能补充室内湿度,可谓一举多得。但是,有些植物的某些特性,也会对我们的健康造成一定的影响。下面,编者就罗列一些植物的优点与不足,为您在居室花卉的选择上提供参考。

植物是驱除空气有害物质的天然清道夫,虎尾兰和吊兰可吸收室内80％以上的有害气体;芦荟则是吸收甲醛的好手,可以吸收1立方米空气中所含的90％的甲醛;常青藤和铁树能"吃"苯;天南星的苞叶能吸收苯、三氯乙烯;玫瑰则"消化"二氧化硫。有研究显示,如果10平方米的居室中有一种抗污染的植物,就会大大有利于空气净化。

有些植物同时还是杀灭病菌的一把好手。例如紫薇、茉莉、柠檬,5

分钟内就可以杀死白喉菌和痢疾菌等原生菌;蔷薇、石竹、铃兰、紫罗兰、玫瑰、桂花所散发的香味对结核杆菌、肺炎球菌、葡萄球菌的生长繁殖具有明显的抑制作用;薄荷更是众所周知的杀菌能手。

然而,植物身上也不全是优点。马蹄莲花有毒,内含大量草酸钙结晶和生物碱,误食会引起昏迷;一品红全株有毒,如误食茎、叶,有中毒死亡的危险等。养这些花的时候,与其接触一定要小心。

另外,有些植物兼具有益和有害两方面特性,如何取舍,就得看您的需求方向了。例如龟背竹、合果芋、万年青、白掌等虽是天然的清道夫,可以清除空气中的有害物质,但是它们的汁液都有毒,如果人接触或误食了,会出现不适症状;绿萝四季常青,且能吸收有毒气体,但是若碰到其汁液,会引起皮肤红痒,误食则会造成喉咙疼痛;松柏类花木虽制造负氧离子,但其散发出的油香,会影响人的食欲。兰花香气扑鼻,但闻多了会令人过度兴奋而导致失眠。

鲜花和植物——天然的止痛药

据美国合众社报道:美国《园艺学》杂志刊登的一项调查称,在病房摆放鲜花和植物可以有效缓解病人的术后疼痛,有利于身体的恢复。

美国堪萨斯州立大学的研究人员朴孙焕和理查德·马特森称,接触植物对住院病人的身体恢复有直接好处。研究人员对 90 位进行阑尾炎手术的病人进行了调查。术后,这些病人被随机安排在有植物或没有植物的病房,他们的住院时间、术后止痛药物的使用情况、生命体征、焦忧烦虑和疲劳感及对病房的满意度等资料都被记录在案。

结果发现,相对于对照组的病人,病房摆放植物的病人止痛药物的服用量大大减少,身体表现更乐观,血压和心率较低,疼痛感、焦虑和疲劳感都有所降低,对病房的满意度也更高。

该研究表明,盆栽植物比鲜花的作用更加明显。护理人员介绍,病人在康复后,会对植物更加亲近,会为它们浇水、剪枝,会不时转转花盆,以变化视角或者让花接受更多的光照。

研究人员还称,室内植物会使空气更加清新健康,可以提高房间湿度,减少霉菌孢子和空气中的细菌,有效改善室内环境。